Amtliche Mitteilungen

aus der

Abteilung für Forsten

des

Preußischen Ministeriums für Landwirtschaft, Domänen und Forsten.

1924 und 1925.

Springer-Verlag Berlin Heidelberg GmbH 1927

ISBN 978-3-662-38690-3 ISBN 978-3-662-39564-6 (eBook)
DOI 10.1007/978-3-662-39564-6

Vorbemerkung.

Die nachstehenden Tafeln schließen sich an die Tabellen der dritten Auflage des Werkes

„von Hagen, die forstlichen Verhältnisse Preußens“

bearbeitet von Donner, und die weiteren „Amtlichen Mitteilungen“, die zuletzt im Jahre 1914 erschienen sind, an. Während der Kriegs- und Nachkriegsjahre, und zwar für die Rechnungs- und Forstwirtschaftsjahre 1913 bis 1923, sind die „Amtlichen Mitteilungen“ nicht herausgegeben worden.

Die nachstehenden Tafeln haben dieselben Zahlen erhalten, wie die Tabellen des oben bezeichneten Werkes.

Inhalts-Verzeichnis.

Statistische Tafeln.

Statistische Tafeln.

A

Tafel

Nachweisung des durchschnittlichen Verwertungspreises für 1 Fest-

Laufende Nummer	Regierungsbezirk	Verwertete Holzmasse							Geldertrag		
		Bau- und Nutzholz einschl. Nutzrinde			Brennholz einschl. Brennrinde			im ganzen (Spalten 5 + 8)	Bau- und Nutzholz einschl. Nutzrinde		
		aus dem Bestande des Vorjahres	aus dem Einschlage des letzten abgeschlossenen Jahres	Zusammen (Spalten 3 + 4)	aus dem Bestande des Vorjahres	aus dem Einschlage des letzten abgeschlossenen Jahres	Zusammen (Spalten 6 + 7)		Für das Holz in den Spalten 3 und 4 soll zur Kasse gelangen	Verwertungspreis für 1 fm	
		Festmeter							RM	RM	Rpf
1	2	3	4	5	6	7	8	9	10	11	
1	Königsberg (m. Marienw.)	203	180 292	180 495	420	322 470	322 890	503 385	4 578 214	25	36
2	Gumbinnen	174	187 098	187 272	52	328 716	328 768	516 040	3 504 981	18	72
3	Allenstein	651	787 485	788 136	47	331 644	331 691	1 119 827	15 656 080	19	86
4	Schneidemühl	.	176 042	176 042	496	160 385	160 881	336 923	3 979 196	22	61
5	Potsdam	353	530 366	530 719	130	455 817	455 947	986 666	14 424 072	27	18
6	Frankfurt a. O. . . .	37	697 214	697 251	73	364 908	364 981	1 062 232	15 042 830	21	57
7	Stettin	201	363 238	363 439	84	289 370	289 454	652 893	9 732 091	27	53
8	Köslin	44	149 013	149 057	225	180 342	180 567	329 624	3 397 765	22	80
9	Stralsund	2	51 587	51 589	61	78 369	78 430	130 019	1 248 760	24	21
10	Breslau (mit Liegnitz) .	19 235	313 240	332 475	22	171 003	171 025	503 500	6 662 247	20	04
11	Oppeln	.	236 480	236 480	.	95 745	95 745	332 225	4 855 176	20	53
12	Magdeburg	27	142 629	142 656	103	147 595	147 698	290 354	3 830 375	26	85
13	Merseburg	.	210 392	210 392	.	192 986	192 986	403 378	5 906 926	28	07
14	Erfurt	1	173 200	173 201	4	123 630	123 634	296 835	4 431 312	25	59
15	Schleswig	.	91 870	91 870	.	119 927	119 927	211 797	2 326 106	25	32
16	Hannover (mit Osnabrück) .	116	140 760	140 876	46	91 322	91 368	232 244	3 493 503	24	80
17	Hildesheim	1 056	397 047	398 103	252	307 014	307 266	705 369	9 237 457	23	20
18	Lüneburg	.	204 877	204 877	8	116 937	116 945	321 822	4 559 138	22	25
19	Stade (mit Aurich) . .	79	89 316	89 395	.	30 566	30 566	119 961	1 972 458	22	06
20	Minden (mit Münster)	2	130 788	130 790	13	108 605	108 618	239 408	3 638 212	27	82
21	Arnsberg	.	75 212	75 212	2	42 385	42 387	117 599	1 841 173	24	48
22	Kassel	1 027	496 816	497 843	635	748 788	749 423	1 247 266	10 543 634	21	18
23	Wiesbaden	.	72 898	72 898	.	150 329	150 329	223 227	1 582 826	21	71
24	Koblenz	.	6 250	6 250	.	15 528	15 528	21 778	135 944	21	75
25	Düsseldorf	.	8 954	8 954	.	6 227	6 227	15 181	213 200	23	81
26	Köln	.	15 213	15 213	.	19 390	19 390	34 603	306 476	20	15
27	Trier *)	.	.	.	.	.	.	.	.	.	.
28	Aachen *)	.	.	.	.	.	.	.	.	.	.
	Zusammen	23 208	5 928 277	5 951 485	2 673	4 999 998	5 002 671	10 954 156	137 100 152	23	03

*) Die Staatsforsten waren vom 10. Januar 1923 bis einschließlich 20. Oktober 1924 beschlagnahmt. Das Holz wurde

8b.

meter Holz im Rechnungsjahre und Forstwirtschaftsjahre 1924.

für Holz						Von der Holzmasse in Spalte 9 sind		Holzwerbungskosten (Titel 16 abzüglich etwaiger Werbungskosten für Nebennutzungen)	Der Verwertungspreis für 1 fm Derbholz beträgt, wenn der Erlös für Stockholz und Reisig mitgerechnet wird, d. Werbungskosten				Von dem Einschlage des letzten abgeschlossenen Jahres sind unverwertet geblieben		Bemerkungen
Brennholz einschl. Brennrinde: Für das Holz in den Spalten 6 und 7 soll zur Kasse gelangen	Verwertungspreis für 1 fm		im ganzen (Spalten 10 + 12)	Gesamtverwertungspreis für 1 fm (Bau-, Nutz- u. Brennholz zus.) 14 : 9		Derbholz	Nichtderbholz		einschl. (14 : 16)		ausschl. [(14-18) : 16]		Bau- und Nutzholz	Brennholz	
RM	RM	Rpf	RM	RM	Rpf	fm	fm	RM	RM	Rpf	RM	Rpf	fm	fm	
12	13		14	15		16	17	18	19		20		21	22	23
2 317 546	7	18	6 895 760	13	70	414 409	88 976	981 519	16	64	14	27	134	1 094	
2 083 376	6	34	5 588 357	10	83	452 269	63 771	1 035 314	12	36	10	07	255	221	
2 125 786	6	41	17 781 866	15	88	1 002 977	116 850	1 979 846	17	73	15	76	3	4 659	
1 061 875	6	60	5 041 071	14	96	267 284	69 639	580 874	18	86	16	69	34	1 900	
3 893 823	8	54	18 317 895	18	57	875 352	111 314	1 292 394	20	93	19	45	1 172	43	
2 810 973	7	70	17 853 803	16	81	962 207	100 025	1 645 662	18	56	16	84	5 038	2 650	
2 098 260	7	25	11 830 351	18	40	599 321	53 572	864 712	20	07	18	64	.	41	
1 389 412	7	69	4 787 177	14	52	268 280	61 344	667 770	17	84	15	35	27	4 369	
671 918	8	57	1 920 678	14	77	111 174	18 845	236 960	17	28	15	14	25	24	
1 479 722	8	65	8 141 969	16	17	469 133	34 367	1 749 469	17	35	13	63	14 621	2 185	
734 595	7	67	5 589 771	16	83	316 912	15 313	627 689	17	64	15	66	10	6	
1 254 569	8	49	5 084 944	17	51	225 271	65 083	487 982	22	57	20	41	.	.	
1 515 738	7	85	7 422 664	18	40	326 010	77 368	622 987	22	77	20	86	92	2	
1 371 911	11	09	5 803 223	19	55	249 648	47 187	620 580	23	25	20	76	.	.	
1 163 947	9	71	3 490 053	16	48	165 175	46 622	386 428	21	13	18	79	11	1	
899 418	9	84	4 392 921	18	92	199 706	32 538	481 012	22		19	59	.	.	
2 207 750	7	19	11 445 207	16	23	621 349	84 020	1 695 345	18	42	15	69	914	2 071	
975 225	8	34	5 534 363	17	20	280 543	41 279	559 337	19	73	17	73	.	13	
266 681	8	72	2 239 139	18	67	108 739	11 222	241 545	20	59	18	37	10	.	
819 235	7	54	4 457 447	18	62	197 109	42 299	461 258	22	61	20	27	.	.	
346 646	8	18	2 187 819	18	60	104 075	13 524	193 873	21	02	10	51	10	101	
4 914 254	6	56	15 457 888	12	39	931 050	316 216	2 620 565	16	60	13	79	23	45	
1 358 979	9	04	2 941 805	13	18	180 144	43 083	571 862	16	33	13	16	.	.	Ohne die Holzmassen, die in den beschlagnahmten Forsten des besetzten Gebiets von der Forstregie verwertet worden sind.
160 325	10	32	296 269	13	60	12 638	9 140	40 438	23	44	20	24	.	.	
43 024	6	91	256 224	16	88	12 822	2 359	25 766	19	99	17	97	.	.	
92 137	4	75	398 613	11	52	31 343	3 260	52 407	12	72	11	05	.	.	
.	.	.	.	.	.	.	.	.	.	.	.	.	.	.	
.	.	.	.	.	.	.	.	.	.	.	.	.	.	.	
38 057 125	7	59	175 157 277	15	99	9 384 940	1 569 216	20 723 594	18	66	16	46	22 379	19 425	

von der französisch-belgischen Forstregie verwertet.

Tafel

Nachweisung des durchschnittlichen Verwertungspreises für 1 Fest-

Laufende Nummer	Regierungsbezirk	Verwertete Holzmasse: Bau- und Nutzholz einschl. Nutzrinde: aus dem Bestande des Vorjahres	aus dem Einschlage des letzten abgeschlossenen Jahres	Zusammen (Spalten 3 + 4)	Brennholz einschl. Brennrinde: aus dem Bestande des Vorjahres	aus dem Einschlage des letzten abgeschlossenen Jahres	Zusammen (Spalten 6 + 7)	im ganzen (Spalten 5 + 8)	Geldertrag: Bau- und Nutzholz einschl. Nutzrinde: Für das Holz in den Spalten 3 und 4 soll zur Kasse gelangen	Verwertungspreis für 1 fm	
		Festmeter							RM	RM	Rpf
1	2	3	4	5	6	7	8	9	10	11	
1	Königsberg (mit Marienw.)	134	109 753	109 887	1 094	221 887	222 981	332 868	2 514 720	22	88
2	Gumbinnen	255	76 774	77 029	221	224 817	225 038	302 067	1 573 939	20	43
3	Allenstein	3	761 165	761 168	4 659	309 270	313 929	1 075 097	16 147 262	21	21
4	Schneidemühl	34	221 097	221 131	*)1 905	169 994	171 899	393 030	3 575 976	16	17
5	Potsdam	1 172	350 428	351 600	43	348 854	348 897	700 497	7 872 933	22	47
6	Frankfurt a. O. . . .	5 038	1 974 886	1 979 924	*)4 346	446 791	451 137	2 431 061	29 719 675	15	01
7	Stettin	*)9 916	835 967	845 883	41	296 373	296 414	1 142 297	12 028 948	14	22
8	Köslin	*) 28	67 832	67 860	*)4 413	123 964	128 377	196 237	946 311	13	95
9	Stralsund	25	36 925	36 950	*) 67	64 026	64 093	101 043	956 971	25	90
10	Breslau (mit Liegnitz) .	14 621	287 560	302 181	2 185	154 099	156 284	458 465	6 588 073	21	80
11	Oppeln	*) .	130 435	130 435	*) .	82 825	82 825	213 260	2 934 133	22	49
12	Magdeburg	.	75 864	75 864	*) 19	107 695	107 714	183 578	2 285 055	30	13
13	Merseburg	92	140 825	140 917	2	151 046	151 048	291 965	4 143 054	29	40
14	Erfurt	.	138 957	138 957	.	110 277	110 277	249 234	3 829 323	27	56
15	Schleswig	11	51 006	51 017	1	84 810	84 811	135 828	1 215 154	23	82
16	Hannover (mit Osnabrück)	.	87 829	87 829	.	66 365	66 365	154 194	2 318 281	26	40
17	Hildesheim	*) 32	306 117	306 149	*)1 493	253 377	254 870	561 019	8 405 064	27	46
18	Lüneburg	.	122 350	122 350	*) .	79 806	79 806	202 156	2 765 984	22	61
19	Stade (mit Aurich) . .	10	54 864	54 874	.	25 939	25 939	80 813	1 246 621	22	72
20	Minden (mit Münster)	.	132 792	132 792	.	96 271	96 271	229 063	3 362 912	25	32
21	Arnsberg	10	69 789	69 799	101	42 483	42 584	112 383	1 528 710	21	90
22	Kassel	*) 34	384 406	384 440	*) 400	644 991	645 391	1 029 831	8 971 466	23	34
23	Wiesbaden	.	83 893	83 893	.	189 913	189 913	273 806	2 033 810	24	24
24	Koblenz	.	56 574	56 574	.	64 430	64 430	121 004	1 336 543	23	62
25	Düsseldorf	*) 3	32 595	32 598	*) 8	14 969	14 977	47 575	788 718	24	20
26	Köln	.	24 223	24 223	.	16 094	16 094	40 317	544 986	22	50
27	Trier	*) 280	62 837	63 117	*) 155	78 257	78 412	141 529	1 501 863	23	79
28	Aachen	*) 79	49 295	49 374	*) 585	23 246	23 831	73 205	1 209 899	24	50
	Zusammen	31 777	6 727 038	6 758 815	21 738	4 492 869	4 514 607	11 273 422	132 346 384	19	58

*) Die Abweichungen der Angaben in den Spalten 3 und 6 von denen der Spalten 21 und 22 der Nachweisung für

8 b.

meter Holz im Rechnungsjahre und Forstwirtschaftsjahre 1925.

für Holz						Von der Holzmasse in Spalte 9 sind		Holzwerbungskosten (Titel 16 abzüglich etwaiger Werbungskosten für Nebennutzungen)	Der Verwertungspreis für 1 fm Derbholz beträgt, wenn der Erlös für Stockholz und Reisig mitgerechnet wird				Von dem Einschlage des letzten abgeschlossenen Jahres sind unverwertet geblieben		Bemerkungen
Brennholz einschl. Brennrinde			im ganzen (Spalten 10 + 12)	Gesamtverwertungspreis für 1 fm (Bau-, Nutz- u. Brennholz) zus. 14 : 9					einschl. (14 : 16)		ausschl. [(14-18) : 16]				
Für das Holz in den Spalten 6 und 7 soll zur Kasse gelangen	Verwertungspreis für 1 fm					Derbholz	Nichtderbholz		b. Werbungskosten				Bau- und Nutzholz	Brennholz	
RM	RM	Rpf	RM	RM	Rpf	fm	fm	RM	RM	Rpf	RM	Rpf	fm	fm	
12	13		14	15		16	17	18	19		20		21	22	23
1 629 620	7	31	4 144 340	12	43	262 252	70 616	959 548	15	80	12	14	80	773	
1 367 758	6	08	2 941 697	9	74	248 735	53 332	929 621	11	83	8	09	12	582	
1 825 586	5	82	17 972 848	16	72	961 723	113 374	2 777 486	18	69	15	80	712	42 317	
1 037 431	6	04	4 613 407	11	74	325 696	67 334	1 015 674	14	16	11	01	973	2 885	
3 166 920	9	08	11 039 853	15	76	626 227	74 270	1 752 999	17	63	14	83	2 782	4 337	
3 187 426	7	07	32 907 101	13	54	2 326 289	104 772	5 414 619	14	15	11	82	416 402	54 084	
2 016 181	6	80	14 045 129	12	30	1 085 259	57 038	2 897 797	12	94	10	27	44 344	14 631	
904 989	7	05	1 851 300	9	43	137 453	58 784	726 150	13	47	8	19	548	11 906	
621 331	9	69	1 578 302	15	62	86 287	14 756	294 844	18	29	14	87	204	267	
1 282 261	8	20	7 870 334	17	17	424 789	33 676	2 448 532	18	53	12	76	17 046	2 178	
678 536	8	19	3 612 669	16	94	192 720	20 540	597 923	18	75	15	64	.	.	
886 396	8	23	3 171 451	17	28	135 338	48 240	504 397	23	43	19	71	.	17	
1 332 718	8	82	5 475 772	18	75	233 614	58 351	690 741	23	44	20	48	.	1	
1 204 963	10	93	5 034 286	20	20	209 142	40 092	872 111	24	07	19	90	.	.	
768 666	9	06	1 983 820	14	61	101 526	34 302	371 018	19	54	15	89	.	.	
623 576	9	40	2 941 857	19	08	126 196	27 998	447 099	23	31	19	77	.	.	
2 089 534	8	20	10 494 598	18	71	484 827	76 192	1 987 682	21	65	17	55	82	2 372	
675 361	8	46	3 441 345	17	02	172 246	29 910	531 685	19	98	16	90	579	.	
207 128	7	99	1 453 749	17	99	69 822	10 991	258 629	20	82	17	12	2	145	
738 404	7	67	4 101 316	17	90	194 643	34 420	641 639	21	07	17	77	.	.	
341 058	8	01	1 869 768	16	64	99 773	12 610	240 616	18	74	16	33	58	.	
3 749 248	5	81	12 720 714	12	35	756 575	273 256	3 104 277	16	81	12	71	138	82	
1 751 817	9	22	3 785 627	13	83	216 080	57 726	901 734	17	52	13	35	.	.	
603 353	9	36	1 939 896	16	03	96 805	24 199	398 270	20	00	15	93	.	.	
123 010	8	21	911 728	19	16	41 384	6 191	125 324	22	03	19	.	.	.	
113 706	7	07	658 692	16	34	34 484	5 833	109 192	19	10	15	93	.	.	
863 410	11	01	2 365 273	16	71	126 943	14 586	462 477	18	63	14	73	168	175	
183 044	7	68	1 392 943	19	03	65 778	7 427	252 408	21	18	17	34	281	107	
33 973 431	7	53	166 319 815	14	75	9 842 606	1 430 816	31 714 492	16	90	13	68	484 411	136 859	

1924 beruhen auf nachträglicher genauer Feststellung der Bestände aus dem Vorjahre.

Tafel

Nachweisung der Durchschnittspreise einiger Holzsortimente

Laufende Nummer	Regierungsbezirk	Langnutzhölzer in Stämmen und Abschnitten											
		Eichen								Rot-			
		Klasse III (40–49 cm Mittendurchmesser)				Klasse IV (30–39 cm Mittendurchmesser)				Klasse III (40–49 cm Mittendurchmesser)			
		Es sind versteigert	Erlös im ganzen	Erlös für 1 fm		Es sind versteigert	Erlös im ganzen	Erlös für 1 fm		Es sind versteigert	Erlös im ganzen	Erlös für 1 fm	
		fm	RM	RM	Rpf	fm	RM	RM	Rpf	fm	RM	RM	Rpf
1	2	3	4	5		6	7	8		9	10	11	
1	Königsberg (m. Marienw.)	1 477	75 797	51	32	1 543	51 592	33	44	285	7 433	26	08
2	Gumbinnen	1 102	39 561	35	90	973	27 297	28	05	.	.	.	.
3	Allenstein	1 402	68 492	48	85	1 381	45 528	32	97	277	6 257	22	59
4	Schneidemühl	.	.	.	.	.	.	.	.	.	.	.	.
5	Potsdam	556	49 040	88	20	604	31 399	51	99	938	29 916	31	89
6	Frankfurt a. O.	932	49 490	53	10	729	26 497	36	35	206	7 795	37	84
7	Stettin	57	3 731	65	46	536	16 130	30	09	1 062	37 999	35	78
8	Köslin	584	40 858	69	96	962	45 144	46	93	1 268	27 958	22	05
9	Stralsund	344	15 139	44	01	313	10 803	34	51	50	1 619	32	38
10	Breslau (mit Liegnitz) .	2 824	211 173	74	78	2 510	112 763	44	93	524	19 035	36	33
11	Oppeln	430	38 548	89	65	279	11 692	41	91	.	.	.	.
12	Magdeburg	2 305	123 390	53	53	2 485	83 897	33	75	686	27 716	40	40
13	Merseburg	1 692	109 725	64	84	1 760	79 828	45	36	1 790	70 056	39	14
14	Erfurt	343	27 397	79	87	318	14 981	47	11	3 356	130 239	38	81
15	Schleswig	1 790	109 864	61	38	2 351	105 054	44	68	5 974	164 654	27	56
16	Hannover (mit Osnabrück)	1 179	88 703	75	24	1 550	62 984	40	63	5 183	185 465	35	78
17	Hildesheim	1 589	87 258	54	91	2 892	100 028	34	59	11 894	388 481	32	66
18	Lüneburg	1 171	64 210	54	83	1 864	58 198	31	22	914	28 391	31	06
19	Stade (mit Aurich) . . .	918	63 032	68	67	1 567	56 467	36	04	854	25 404	29	75
20	Minden (mit Münster) .	1 883	144 207	76	58	1 231	45 418	36	89	3 005	91 844	30	56
21	Arnsberg	552	39 563	71	67	891	42 639	47	86	3 320	100 344	30	22
22	Kassel	3 125	188 248	60	24	4 785	176 307	36	85	10 736	342 368	31	89
23	Wiesbaden	114	7 585	66	54	924	36 057	39	02	1 677	58 110	34	65
24	Koblenz	.	.	.	.	.	.	.	.	.	.	.	.
25	Düsseldorf	347	16 774	48	34	497	17 293	34	79	356	8 397	23	59
26	Köln	255	8 819	34	58	438	10 965	25	03	1 432	30 482	21	29
	Zusammen	26 971	1 670 604	61	94	33 383	1 268 961	38	01	55 787	1 789 963	32	09

Anmerkung: Infolge der Beschlagnahme des Holzes im besetzten und besetzt gewesenen Gebiet sind die An-

im Rechnungsjahre und Forstwirtschaftsjahre 1924.

der Klassen A und B									
buchen			Hainbuchen			Eschen			Regierungsbezirk
Klasse IV (30—39 cm Mittendurchmesser)			Klasse IV (30—39 cm Mittendurchmesser)			Klasse IV (30—39 cm Mittendurchmesser)			
Es sind versteigert	Erlös im ganzen	Erlös für 1 fm	Es sind versteigert	Erlös im ganzen	Erlös für 1 fm	Es sind versteigert	Erlös im ganzen	Erlös für 1 fm	
fm	RM	RM Rpf	fm	RM	RM Rpf	fm	RM	RM Rpf	
12	13	14	15	16	17	18	19	20	
404	8 356	20 68	.	.	. .	95	2 725	28 68	Königsberg (mit Marienw.)
.	.	. .	.	.	. .	.	.	. .	Gumbinnen
629	10 591	16 84	.	.	. .	.	.	. .	Allenstein
.	.	. .	.	.	. .	.	.	. .	Schneidemühl
549	15 116	27 53	.	.	. .	.	.	. .	Potsdam
262	6 321	24 13	.	.	. .	.	.	. .	Frankfurt a. O.
862	19 924	23 11	.	.	. .	.	.	. .	Stettin
1 055	20 110	19 06	.	.	. .	.	.	. .	Köslin
.	.	. .	.	.	. .	127	9 914	78 06	Stralsund
1 113	33 543	30 .	229	9 604	41 94	.	.	. .	Breslau (mit Liegnitz)
.	.	. .	.	.	. .	.	.	. .	Oppeln
773	24 489	31 68	.	.	. .	74	5 223	70 58	Magdeburg
1 772	59 214	33 42	160	15 543	97 14	139	6 503	46 78	Merseburg
4 152	137 390	33 09	.	.	. .	.	.	. .	Erfurt
6 464	143 122	22 14	.	.	. .	.	.	. .	Schleswig
7 180	197 527	27 51	.	.	. .	.	.	. .	Hannover (mit Osnabrück)
18 313	409 075	22 34	.	.	. .	.	.	. .	Hildesheim
640	16 364	25 57	.	.	. .	195	20 248	103 84	Lüneburg
1 495	32 608	21 81	.	.	. .	.	.	. .	Stade (mit Aurich)
4 578	119 730	26 15	.	.	. .	.	.	. .	Minden (mit Münster)
4 004	91 154	22 77	.	.	. .	.	.	. .	Arnsberg
13 404	383 690	28 63	.	.	. .	.	.	. .	Kassel
2 915	68 007	23 33	.	.	. .	.	.	. .	Wiesbaden
.	.	. .	.	.	. .	.	.	. .	Koblenz
552	10 920	19 78	.	.	. .	.	.	. .	Düsseldorf
1 538	26 101	16 98	.	.	. .	.	.	. .	Köln
72 654	1 833 352	25 23	389	25 147	64 65	630	44 613	70 81	

gaben für die betreffenden Regierungsbezirke zum Teil unvollkommen, zum Teil garnicht nachgewiesen.

Laufende Nummer	Regierungsbezirk	Langnutzhölzer in Stämmen und Abschnitten der Klassen											
		Rüstern				Ahorn				Erlen			
		Klasse IV (30—39 cm Mittendurchmesser)				Klasse IV (30—39 cm Mittendurchmesser)				Klasse IV (30—39 cm Mittendurchmesser)			
		Es sind versteigert	Erlös			Es sind versteigert	Erlös			Es sind versteigert	Erlös		
			im ganzen	für 1 fm			im ganzen	für 1 fm			im ganzen	für 1 fm	
		fm	RM	RM	Rpf	fm	RM	RM	Rpf	fm	RM	RM	Rpf
		21	22	23		24	25	26		27	28	29	
1	Königsberg (m. Marienw.)	.	.	.	.	.	.	.	.	345	11 686	33	87
2	Gumbinnen	.	.	.	.	.	.	.	.	404	8 428	20	86
3	Allenstein	.	.	.	.	.	.	.	.	485	12 896	26	59
4	Schneidemühl	.	.	.	.	.	.	.	.	.	.	.	.
5	Potsdam	.	.	.	.	.	.	.	.	210	7 765	36	98
6	Frankfurt a. O.	.	.	.	.	.	.	.	.	1 719	87 281	50	77
7	Stettin	.	.	.	.	.	.	.	.	.	.	.	.
8	Köslin	.	.	.	.	.	.	.	.	50	959	19	18
9	Stralsund	.	.	.	.	.	.	.	.	.	.	.	.
10	Breslau (mit Liegnitz) .	409	14 995	36	66	.	.	.	.	464	15 831	34	12
11	Oppeln	.	.	.	.	.	.	.	.	218	6 695	30	71
12	Magdeburg	847	29 553	34	89	.	.	.	.	108	1 019	9	44
13	Merseburg	288	10 280	35	69	.	.	.	.	89	3 110	34	94
14	Erfurt	.	.	.	.	83	2 350	28	31	.	.	.	.
15	Schleswig	.	.	.	.	.	.	.	.	.	.	.	.
16	Hannover (mit Osnabrück)	.	.	.	.	.	.	.	.	.	.	.	.
17	Hildesheim	.	.	.	.	.	.	.	.	.	.	.	.
18	Lüneburg	.	.	.	.	.	.	.	.	554	29 358	52	99
19	Stade (mit Aurich) . . .	.	.	.	.	.	.	.	.	.	.	.	.
20	Minden (mit Münster) .	.	.	.	.	.	.	.	.	.	.	.	.
21	Arnsberg	.	.	.	.	.	.	.	.	.	.	.	.
22	Kassel	.	.	.	.	.	.	.	.	.	.	.	.
23	Wiesbaden	.	.	.	.	.	.	.	.	.	.	.	.
24	Koblenz	.	.	.	.	.	.	.	.	.	.	.	.
25	Düsseldorf	.	.	.	.	.	.	.	.	.	.	.	.
26	Köln	.	.	.	.	.	.	.	.	.	.	.	.
	Zusammen	1 544	54 828	35	51	83	2 350	28	31	4 646	185 028	39	83

Anmerkung: Infolge der Beschlagnahme des Holzes im besetzten und besetzt gewesenen Gebiet sind die An-

A und B				Schneidehölzer und gewöhnliche Rundhölzer								
Birken				Fichten								
Klasse IV (30–39 cm Mittendurchmesser)				Klasse II (über 1 bis einschl. 2 fm)				Klasse III (über 0,5 bis einschl. 1 fm)				Regierungsbezirk
Es sind versteigert	Erlös im ganzen	Erlös für 1 fm		Es sind versteigert	Erlös im ganzen	Erlös für 1 fm		Es sind versteigert	Erlös im ganzen	Erlös für 1 fm		
fm	RM	RM	Rpf	fm	RM	RM	Rpf	fm	RM	RM	Rpf	
30	31	32		33	34	35		36	37	38		
1 429	40 140	28	09	6 065	155 435	25	63	8 216	180 689	21	99	Königsberg (mit Marienw.)
438	8 386	19	15	9 071	197 426	21	76	17 414	324 120	18	61	Gumbinnen
944	18 413	19	51	7 937	161 355	20	33	9 646	155 988	16	17	Allenstein
.	.	.	.	.	.	.	.	.	.	.	.	Schneidemühl
.	.	.	.	.	.	.	.	53	1 178	22	23	Potsdam
.	.	.	.	318	9 947	31	28	487	12 549	25	77	Frankfurt a. O.
.	.	.	.	149	4 033	27	07	423	9 950	23	52	Stettin
273	5 223	19	13	621	14 382	23	16	842	15 983	18	98	Köslin
.	.	.	.	209	5 620	26	89	396	5 555	14	03	Stralsund
281	9 365	33	33	8 594	202 174	23	53	10 760	224 212	20	84	Breslau (mit Liegnitz)
.	.	.	.	9 485	201 535	21	25	10 249	187 975	18	34	Oppeln
.	.	.	.	60	1 787	29	78	134	3 805	28	40	Magdeburg
.	.	.	.	3 049	100 301	32	90	40 41	120 199	29	74	Merseburg
.	.	.	.	8 909	252 191	28	31	8 026	206 126	25	68	Erfurt
.	.	.	.	846	29 786	35	21	2 920	82 596	28	29	Schleswig
.	.	.	.	1 805	58 920	32	64	7 025	210 545	29	97	Hannover (mit Osnabrück)
.	.	.	.	55 538	1 576 941	28	39	62 825	1 572 804	25	03	Hildesheim
.	.	.	.	4 372	135 888	31	08	5 548	137 226	24	73	Lüneburg
.	.	.	.	1 104	37 483	33	95	4 377	113 522	25	94	Stade (mit Aurich)
.	.	.	.	3 050	96 414	31	61	3 733	104 344	27	95	Minden (mit Münster)
.	.	.	.	4 747	156 786	33	03	5 070	134 305	26	49	Arnsberg
.	.	.	.	9 290	290 900	31	31	18 531	516 799	27	89	Kassel
.	.	.	.	4 226	139 364	32	97	5 719	144 753	25	31	Wiesbaden
.	.	.	.	.	.	.	.	.	.	.	.	Koblenz
.	.	.	.	.	.	.	.	.	.	.	.	Düsseldorf
.	.	.	.	67	2 006	29	94	208	4 946	23	78	Köln
3 365	81 527	24	23	139 512	3 830 674	27	46	186 643	4 470 169	23	95	

gaben für die betreffenden Regierungsbezirke zum Teil unvollkommen, zum Teil garnicht nachgewiesen.

Laufende Nummer	Regierungsbezirk	Schneidehölzer und gewöhnliche Rundhölzer										Brenn-			
		Kiefern										Buchen (Eschen, Rüstern, Ahorn, Akazien usw.)			
		Klasse II (über 1 bis einschl. 2 fm)				Klasse III (über 0,5 bis einschl. 1 fm)						Klo-			
		Es sind versteigert	Erlös im ganzen	Erlös für 1 fm		Es sind versteigert	Erlös im ganzen		Erlös für 1 fm			Es sind versteigert	Erlös im ganzen	Erlös für 1 rm	
		fm	RM	RM	Rpf	fm	RM		RM	Rpf		rm	RM	RM	Rpf
		39	40	41		42	43		44			45	46	47	
1	Königsberg (m. Marienw.)	20 513	595 771	29	04	12 327	279 166		22	65		14 943	131 244	8	78
2	Gumbinnen	3 964	98 492	24	85	6 938	139 274		20	07		6 983	41 006	5	87
3	Allenstein	127 949	3 617 189	28	27	80 613	1 744 731		21	64		6 970	56 822	8	15
4	Schneidemühl	21 021	672 259	31	98	23 253	587 219		25	25		2 938	29 362	9	99
5	Potsdam	107 189	3 653 425	34	08	99 062	2 650 916		26	76		24 366	256 719	10	54
6	Frankfurt a. O.	50 223	1 630 474	32	46	44 189	1 103 418		24	97		25 779	226 602	8	79
7	Stettin	47 208	1 498 266	31	74	44 794	1 072 790		23	95		31 959	307 353	9	62
8	Köslin	22 703	710 300	31	29	14 863	353 578		23	79		13 910	146 110	10	50
9	Stralsund	3 748	104 107	27	78	3 974	89 178		22	44		16 431	137 113	8	34
10	Breslau (mit Liegnitz)	17 413	552 060	31	70	24 111	576 789		23	92		6 601	55 630	8	43
11	Oppeln	18 695	645 821	34	55	30 959	777 785		25	12		111	1 335	12	02
12	Magdeburg	13 981	438 014	31	32	17 361	462 381		26	63		15 173	192 789	12	70
13	Merseburg	25 785	860 945	33	39	35 400	921 453		26	03		13 118	125 975	9	60
14	Erfurt	69	2 071	30	01	346	9 911		28	64		37 760	446 886	11	83
15	Schleswig	277	9 939	35	88	981	26 896		27	42		43 489	536 328	12	33
16	Hannover (mit Osnabrück)	1 351	45 120	33	40	6 348	169 345		26	68		15 760	181 051	11	49
17	Hildesheim	51	1 542	30	24	210	6 362		30	30		78 014	694 255	8	90
18	Lüneburg	12 699	460 040	36	23	24 135	611 208		25	32		11 909	155 121	13	03
19	Stade (mit Aurich)	2 075	68 060	32	80	8 514	212 035		24	90		3 856	47 029	12	20
20	Minden (mit Münster)	1 062	39 953	37	62	2 288	68 730		30	04		37 568	306 505	8	16
21	Arnsberg	77	4 962	64	44	390	17 611		45	16		5 852	41 555	7	10
22	Kassel	5 806	134 289	23	13	28 551	729 038		25	53		152 046	1 659 542	10	91
23	Wiesbaden	200	5 578	27	89	386	9 109		23	60		28 933	299 903	10	37
24	Koblenz	.	.	.	.	.	.		.	.		2 403	36 842	15	33
25	Düsseldorf	1 007	41 604	41	31	1 080	23 902		22	13		1 246	10 556	8	47
26	Köln	103	4 889	47	47	273	9 741		35	68		4 249	14 458	3	40
	Zusammen	505 169	15 895 170	31	47	511 346	12 652 566		24	74		602 367	6 138 091	10	19

Anmerkung: Infolge der Beschlagnahme des Holzes im besetzten und besetzt gewesenen Gebiet sind die An-

holz				Eichen-Spiegelrinde (Jungrinde)				Regierungsbezirk
Kiefern								
ben				Es sind verwertet	Erlös (ausschl. Werbungskosten)			
Es sind versteigert	Erlös				im ganzen	für 1 Ztr.		
	im ganzen	für 1 rm						
rm	RM	RM	Rpf	Zentner	RM	RM	Rpf	
48	49	50		51	52	53		
19 183	185 652	9	68	.	.	.	.	Königsberg (mit Marienwerder)
18 082	100 306	5	55	.	.	.	.	Gumbinnen
77 948	426 466	5	47	.	.	.	.	Allenstein
40 658	313 806	7	72	.	.	.	.	Schneidemühl
168 941	1 588 848	9	40	.	.	.	.	Potsdam
98 735	767 726	7	78	.	.	.	.	Frankfurt a. O.
58 372	430 155	7	37	.	.	.	.	Stettin
17 996	136 218	7	57	.	.	.	.	Köslin
6 586	55 341	8	40	.	.	.	.	Stralsund
39 064	328 314	8	40	.	.	.	.	Breslau (mit Liegnitz)
42 894	306 553	7	15	.	.	.	.	Oppeln
11 918	112 388	9	43	338	811	2	40	Magdeburg
32 978	324 048	9	83	.	.	.	.	Merseburg
180	1 620	9	.	.	.	.	.	Erfurt
1 589	15 203	9	57	.	.	.	.	Schleswig
2 425	22 022	9	08	.	.	.	.	Hannover (mit Osnabrück)
342	3 001	8	77	209	418	2	.	Hildesheim
6 718	54 347	8	09	.	.	.	.	Lüneburg
978	7 176	7	34	.	.	.	.	Stade (mit Aurich)
.	.	.	.	.	.	.	.	Minden (mit Münster)
.	.	.	.	.	.	.	.	Arnsberg
8 126	62 394	7	68	4 834	20 974	4	34	Kassel
563	3 430	6	09	269	591	2	20	Wiesbaden
.	.	.	.	.	.	.	.	Koblenz
329	2 400	7	29	.	.	.	.	Düsseldorf
.	.	.	.	.	.	.	.	Köln
654 605	5 247 414	8	02	5 650	22 794	4	03	

gaben für die betreffenden Regierungsbezirke zum Teil unvollkommen, zum Teil garnicht nachgewiesen.

Tafel

Nachweisung der Durchschnittspreise einiger Holzsortimente

Laufende Nummer	Regierungsbezirk	Langnutzhölzer in Stämmen und Abschnitten											
		Eichen								Rot-			
		Klasse III (40–49 cm Mittendurchmesser)				Klasse IV (30–39 cm Mittendurchmesser)				Klasse III (40–49 cm Mittendurchmesser)			
		Es sind versteigert	Erlös im ganzen	Erlös für 1 fm		Es sind versteigert	Erlös im ganzen	Erlös für 1 fm		Es sind versteigert	Erlös im ganzen	Erlös für 1 fm	
		fm	RM	RM	Rpf	fm	RM	RM	Rpf	fm	RM	RM	Rpf
1	2	3	4	5		6	7	8		9	10	11	
1	Königsberg (m. Marienw.)	1 017	41 974	41	27	1 000	29 952	29	95	376	8 929	23	75
2	Gumbinnen	243	9 763	40	18	255	8 641	33	89	.	.	.	.
3	Allenstein	558	29 098	52	15	559	18 217	32	59	61	1 762	28	89
4	Schneidemühl	.	.	.	.	51	2 627	51	51	64	1 880	29	38
5	Potsdam	250	15 731	62	92	796	27 858	35	00	804	27 230	33	87
6	Frankfurt a. O.	.	.	.	.	102	4 952	48	55	.	.	.	.
7	Stettin	112	4 374	39	05	217	5 333	24	58	579	19 308	33	35
8	Köslin	492	17 344	35	25	384	9 283	24	17	961	16 779	17	46
9	Stralsund	403	18 174	45	10	375	13 975	37	27	136	3 821	28	10
10	Breslau (mit Liegnitz)	2 849	171 197	60	09	2 374	86 696	36	52	376	11 658	31	00
11	Oppeln	111	4 934	44	45	194	6 080	31	34	.	.	.	.
12	Magdeburg	1 515	74 002	48	85	1 779	62 582	35	18	819	24 225	29	58
13	Merseburg	1 317	64 396	48	90	1 238	43 875	35	44	1 501	57 080	38	03
14	Erfurt	206	11 250	54	61	290	9 924	34	22	2 047	78 130	38	17
15	Schleswig	684	35 916	52	51	1 111	41 774	37	60	2 969	73 941	24	90
16	Hannover (m. Osnabrück)	1 166	68 642	58	87	1 453	52 300	35	99	3 743	132 173	35	31
17	Hildesheim	883	48 299	54	70	1 736	63 844	36	78	10 376	380 625	36	68
18	Lüneburg	574	25 896	45	12	1 098	34 150	31	10	797	25 254	31	69
19	Stade (mit Aurich)	640	37 481	58	56	1 139	39 726	34	88	500	15 439	30	88
20	Minden (mit Münster)	1 090	59 095	54	22	940	29 734	31	63	3 786	113 016	29	85
21	Arnsberg	448	28 334	63	25	822	30 967	37	67	3 593	97 819	27	22
22	Kassel	2 343	149 967	64	01	4 486	173 957	38	78	10 619	326 114	30	71
23	Wiesbaden	141	7 114	50	45	459	19 792	43	12	2 022	65 002	32	15
24	Koblenz	220	10 627	48	30	176	6 549	37	21	578	19 178	33	18
25	Düsseldorf	834	42 585	51	06	984	36 649	37	24	568	16 441	28	95
26	Köln	188	8 545	45	45	575	20 742	36	07	290	10 312	35	56
27	Trier	519	23 711	45	69	492	14 007	28	47	2 309	58 893	25	51
28	Aachen	943	49 368	52	35	1 003	35 846	35	74	1 000	27 358	27	36
	Zusammen	19 746	1 057 817	53	57	26 088	930 032	35	65	50 874	1 612 367	31	69

9 c
im Rechnungsjahre und Forstwirtschaftsjahre 1925.

der Klassen A und B												Regierungsbezirk
buchen				Hainbuchen				Eschen				
Klasse IV (30–39 cm Mittendurchmesser)				Klasse IV (30–39 cm Mittendurchmesser)				Klasse IV (30–39 cm Mittendurchmesser)				
Es sind versteigert	Erlös			Es sind versteigert	Erlös			Es sind versteigert	Erlös			
	im ganzen	für 1 fm			im ganzen	für 1 fm			im ganzen	für 1 fm		
fm	RM	RM	Rpf	fm	RM	RM	Rpf	fm	RM	RM	Rpf	
12	13	14		15	16	17		18	19	20		
410	6 939	16	92	51	1 710	33	53	220	12 784	58	11	Königsberg (mit Marienw.)
.	.	.	.	.	.	.	.	.	.	.	.	Gumbinnen
274	5 824	21	26	67	2 216	33	07	.	.	.	.	Allenstein
143	3 319	23	21	.	.	.	.	.	.	.	.	Schneidemühl
889	26 460	29	76	.	.	.	.	.	.	.	.	Potsdam
.	.	.	.	.	.	.	.	.	.	.	.	Frankfurt a. O.
798	18 068	22	64	.	.	.	.	.	.	.	.	Stettin
788	14 619	18	55	.	.	.	.	.	.	.	.	Köslin
133	3 139	23	60	.	.	.	.	135	8 645	64	04	Stralsund
647	17 825	27	55	186	7 472	40	17	.	.	.	.	Breslau (mit Liegnitz)
.	.	.	.	.	.	.	.	.	.	.	.	Oppeln
1 379	32 550	23	60	.	.	.	.	74	5 223	70	58	Magdeburg
1 324	40 963	30	94	197	12 636	64	14	127	9 780	77	01	Merseburg
3 081	96 169	31	21	.	.	.	.	.	.	.	.	Erfurt
2 690	62 866	23	37	.	.	.	.	.	.	.	.	Schleswig
6 294	172 989	27	48	.	.	.	.	.	.	.	.	Hannover (mit Osnabrück)
18 226	501 873	27	54	.	.	.	.	.	.	.	.	Hildesheim
675	15 804	23	41	.	.	.	.	139	8 111	58	35	Lüneburg
1 022	23 861	23	35	.	.	.	.	.	.	.	.	Stade (mit Aurich)
5 090	129 829	25	51	.	.	.	.	.	.	.	.	Minden (mit Münster)
6 079	123 548	20	32	.	.	.	.	.	.	.	.	Arnsberg
13 350	353 064	26	45	.	.	.	.	.	.	.	.	Kassel
4 662	111 426	23	90	.	.	.	.	.	.	.	.	Wiesbaden
139	3 117	22	43	.	.	.	.	.	.	.	.	Koblenz
570	12 232	21	46	.	.	.	.	.	.	.	.	Düsseldorf
468	12 167	26	00	.	.	.	.	.	.	.	.	Köln
1 914	40 236	21	02	.	.	.	.	.	.	.	.	Trier
1 463	32 085	21	93	.	.	.	.	.	.	.	.	Aachen
72 508	1 860 972	25	67	501	24 034	47	97	695	44 543	64	09	

Laufende Nummer	Regierungsbezirk	Langnutzhölzer in Stämmen und Abschnitten der Klassen											
		Rüstern				Ahorn				Erlen			
		Klasse IV (30—39 cm Mittendurchmesser)				Klasse IV (30—39 cm Mittendurchmesser)				Klasse IV (30—39 cm Mittendurchmesser)			
		Es sind versteigert	Erlös im ganzen	Erlös für 1 fm		Es sind versteigert	Erlös im ganzen	Erlös für 1 fm		Es sind versteigert	Erlös im ganzen	Erlös für 1 fm	
		fm	RM	RM	Rpf	fm	RM	RM	Rpf	fm	RM	RM	Rpf
		21	22	23		24	25	26		27	28	29	
1	Königsberg (m. Marienw.)	.	.	.	.	.	.	.	.	103	2 772	26	91
2	Gumbinnen	.	.	.	.	.	.	.	.	111	3 091	27	85
3	Allenstein	.	.	.	.	.	.	.	.	201	5 304	26	39
4	Schneidemühl	.	.	.	.	.	.	.	.	.	.	.	.
5	Potsdam	.	.	.	.	.	.	.	.	190	11 509	60	57
6	Frankfurt a. O.	.	.	.	.	.	.	.	.	564	28 097	49	82
7	Stettin	.	.	.	.	.	.	.	.	.	.	.	.
8	Köslin	.	.	.	.	.	.	.	.	.	.	.	.
9	Stralsund	.	.	.	.	.	.	.	.	.	.	.	.
10	Breslau (mit Liegnitz)	512	12 249	23	92	.	.	.	.	355	10 098	28	45
11	Oppeln	.	.	.	.	.	.	.	.	147	3 806	25	89
12	Magdeburg	582	23 072	39	64	.	.	.	.	.	.	.	.
13	Merseburg	164	5 239	31	95	.	.	.	.	77	3 275	42	53
14	Erfurt	.	.	.	.	.	.	.	.	.	.	.	.
15	Schleswig	.	.	.	.	.	.	.	.	.	.	.	.
16	Hannover (m. Osnabrück)	.	.	.	.	.	.	.	.	.	.	.	.
17	Hildesheim	.	.	.	.	.	.	.	.	.	.	.	.
18	Lüneburg	.	.	.	.	.	.	.	.	187	7 491	40	06
19	Stade (mit Aurich)	.	.	.	.	.	.	.	.	.	.	.	.
20	Minden (mit Münster)	.	.	.	.	.	.	.	.	.	.	.	.
21	Arnsberg	.	.	.	.	.	.	.	.	.	.	.	.
22	Kassel	.	.	.	.	.	.	.	.	.	.	.	.
23	Wiesbaden	.	.	.	.	.	.	.	.	.	.	.	.
24	Koblenz	.	.	.	.	.	.	.	.	.	.	.	.
25	Düsseldorf	.	.	.	.	.	.	.	.	.	.	.	.
26	Köln	.	.	.	.	.	.	.	.	.	.	.	.
27	Trier	.	.	.	.	.	.	.	.	.	.	.	.
28	Aachen	.	.	.	.	.	.	.	.	.	.	.	.
	Zusammen	1 258	40 560	32	24	.	.	.	.	1 935	75 443	38	99

A und B: Birken, Klasse IV (30–39 cm Mittendurchmesser), Es sind versteigert fm	Erlös im ganzen RM	Erlös für 1 fm RM	Rpf	Schneidehölzer und gewöhnliche Rundhölzer: Fichten, Klasse II (über 1 bis einschl. 2 fm), Es sind versteigert fm	Erlös im ganzen RM	Erlös für 1 fm RM	Rpf	Fichten, Klasse III (über 0,5 bis einschl. 1 fm), Es sind versteigert fm	Erlös im ganzen RM	Erlös für 1 fm RM	Rpf	Regierungsbezirk
30	31	32		33	34	35		36	37	38		
8 271	24 272	2	93	3 800	84 737	22	30	5 449	105 841	19	42	Königsberg (mit Marienw.)
201	5 447	27	10	3 394	77 106	22	72	9 240	181 095	19	60	Gumbinnen
156	3 770	24	17	2 721	52 430	19	27	4 029	62 154	15	43	Allenstein
163	2 604	15	98	.	.	.	.	.	.	.	.	Schneidemühl
.	.	.	.	.	.	.	.	.	.	.	.	Potsdam
.	.	.	.	159	5 234	32	92	188	5 475	29	12	Frankfurt a. O.
.	.	.	.	61	1 467	24	05	179	3 687	20	60	Stettin
.	.	.	.	.	.	.	.	54	1 059	19	61	Köslin
.	.	.	.	.	.	.	.	.	.	.	.	Stralsund
141	3 806	26	99	7 176	189 853	26	46	11 051	243 338	22	02	Breslau (mit Liegnitz)
.	.	.	.	7 470	185 550	24	84	7 747	167 657	21	64	Oppeln
.	.	.	.	.	.	.	.	193	6 105	31	63	Magdeburg
.	.	.	.	2 361	89 076	37	73	3 817	120 561	31	59	Merseburg
.	.	.	.	6 521	206 610	31	68	7 308	200 566	27	44	Erfurt
.	.	.	.	958	29 016	30	29	2 381	57 674	24	22	Schleswig
.	.	.	.	2 460	78 524	31	92	7 460	206 797	27	73	Hannover (mit Osnabrück)
.	.	.	.	46 677	1 503 452	32	21	53 795	1 570 618	29	20	Hildesheim
.	.	.	.	2 592	84 534	32	61	5 254	141 836	27	00	Lüneburg
.	.	.	.	824	26 617	32	30	2 832	76 756	27	10	Stade (mit Aurich)
.	.	.	.	3 674	117 231	31	91	5 812	169 603	29	18	Minden (mit Münster)
.	.	.	.	4 159	133 967	32	21	7 325	199 261	27	20	Arnsberg
.	.	.	.	12 884	400 555	31	09	20 946	568 239	27	13	Kassel
.	.	.	.	4 805	150 005	31	23	6 144	163 854	26	67	Wiesbaden
.	.	.	.	2 794	77 803	27	85	4 842	126 944	26	22	Koblenz
61	992	16	26	.	.	.	.	.	.	.	.	Düsseldorf
.	.	.	.	374	11 004	29	42	932	24 966	26	79	Köln
.	.	.	.	2 020	48 683	24	10	2 073	49 680	23	97	Trier
.	.	.	.	2 120	65 611	30	95	5 000	130 291	26	06	Aachen
8 993	40 891	4	55	120 004	3 619 065	30	16	174 051	4 584 057	26	34	

Laufende Nummer	Regierungsbezirk	Schneidehölzer und gewöhnliche Rundhölzer								Brenn-			
		Kiefern								Buchen (Eschen, Rüstern, Ahorn, Akazien usw.)			
		Klasse II (über 1 bis einschl. 2 fm)				Klasse III (über 0,5 bis einschl. 1 fm)				Klo-			
		Es sind versteigert	Erlös			Es sind versteigert	Erlös			Es sind versteigert	Erlös		
			im ganzen	für 1 fm			im ganzen	für 1 fm			im ganzen	für 1 rm	
		fm	RM	RM	Rpf	fm	RM	RM	Rpf	rm	RM	RM	Rpf
		39	40	41		42	43	44		45	46	47	
1	Königsberg (m. Marienw.)	10 368	281 658	27	17	6 725	144 882	21	54	11 724	104 953	8	95
2	Gumbinnen	2 054	49 482	24	09	3 026	63 540	21	00	3 361	18 670	5	55
3	Allenstein	188 367	5 075 075	26	94	130 948	2 593 455	19	81	4 232	31 855	7	53
4	Schneidemühl	10 043	309 267	30	79	13 952	363 664	26	07	2 943	25 719	8	74
5	Potsdam	34 831	1 194 054	34	28	55 830	1 390 797	24	91	23 730	247 058	10	41
6	Frankfurt a. O.	27 444	717 525	26	15	46 659	872 876	18	71	8 901	100 574	11	30
7	Stettin	24 534	695 134	28	33	44 655	925 160	20	72	18 405	223 657	12	15
8	Köslin	2 539	74 781	29	45	2 318	58 560	25	26	17 698	188 870	10	67
9	Stralsund	2 173	55 473	25	53	2 703	58 766	21	74	17 095	163 055	9	54
10	Breslau (mit Liegnitz)	9 553	319 826	33	48	15 265	415 682	27	23	6 971	51 247	7	35
11	Oppeln	11 055	404 163	36	56	19 888	534 484	26	87	472	2 777	5	88
12	Magdeburg	11 275	369 300	32	75	13 813	371 570	26	90	13 964	152 522	10	92
13	Merseburg	16 028	601 780	37	55	22 546	677 475	30	05	14 680	141 312	9	63
14	Erfurt	56	1 377	24	59	.	.	.	.	36 055	457 422	12	69
15	Schleswig	321	10 260	31	96	904	21 908	24	23	25 144	294 083	11	70
16	Hannover (m. Osnabrück)	1 512	52 775	34	90	5 090	146 934	28	87	13 805	166 220	12	04
17	Hildesheim	.	.	.	.	120	2 716	22	63	77 222	723 115	9	36
18	Lüneburg	8 002	277 421	34	67	14 424	397 036	27	53	9 715	119 122	12	26
19	Stade (mit Aurich)	1 422	45 233	31	81	5 803	160 574	27	67	3 342	38 638	11	56
20	Minden (mit Münster)	1 195	33 395	27	95	2 485	58 250	23	44	31 901	286 814	8	99
21	Arnsberg	.	.	.	.	94	2 562	27	26	11 531	83 865	7	27
22	Kassel	4 333	129 240	29	83	22 000	509 591	23	16	138 214	1 300 646	9	41
23	Wiesbaden	291	9 288	31	92	474	11 195	23	62	76 017	765 819	10	07
24	Koblenz	.	.	.	.	123	3 052	24	81	24 842	269 475	10	85
25	Düsseldorf	1 281	34 904	27	25	2 138	46 606	21	80	2 918	28 516	9	77
26	Köln	157	5 232	33	32	729	19 110	26	21	4 285	29 943	6	99
27	Trier	.	.	.	.	214	4 925	23	01	51 118	501 874	9	82
28	Aachen	749	14 118	18	85	724	15 862	21	91	4 306	31 801	7	39
	Zusammen	369 583	10 760 761	29	12	433 650	9 871 232	22	76	654 591	6 549 622	10	01

holz — Kiefern — ben				Eichen-Spiegelrinde (Jungrinde)				Regierungsbezirk
Es sind versteigert	Erlös			Es sind verwertet	Erlös (ausschl. Werbungskosten)			
	im ganzen	für 1 rm			im ganzen	für 1 Ztr.		
rm	RM	RM	Rpf	Zentner	RM	RM	Rpf	
48	49	50		51	52	53		
13 868	136 002	9	81	.	.	.	.	Königsberg (mit Marienwerder)
10 844	68 115	6	28	.	.	.	.	Gumbinnen
78 559	421 160	5	36	.	.	.	.	Allenstein
36 693	265 333	7	23	.	.	.	.	Schneidemühl
138 537	1 142 328	8	25	.	.	.	.	Potsdam
138 963	831 296	5	98	.	.	.	.	Frankfurt a. O.
52 524	363 676	6	92	.	.	.	.	Stettin
12 645	80 712	6	38	.	.	.	.	Köslin
5 979	52 328	8	75	.	.	.	.	Stralsund
26 900	229 797	8	54	.	.	.	.	Breslau (mit Liegnitz)
29 202	237 798	8	14	.	.	.	.	Oppeln
9 436	83 550	8	85	452	723	1	60	Magdeburg
31 275	305 302	9	76	.	.	.	.	Merseburg
.	.	.	.	.	.	.	.	Erfurt
893	7 698	8	62	.	.	.	.	Schleswig
1 752	14 867	8	49	.	.	.	.	Hannover (mit Osnabrück)
318	2 730	8	58	208	312	1	50	Hildesheim
4 076	35 526	8	72	.	.	.	.	Lüneburg
584	3 764	6	45	.	.	.	.	Stade (mit Aurich)
243	1 741	7	16	.	.	.	.	Minden (mit Münster)
.	.	.	.	.	.	.	.	Arnsberg
4 616	35 831	7	76	3 858	14 013	3	63	Kassel
699	4 683	6	70	234	468	2	.	Wiesbaden
362	1 494	4	13	.	.	.	.	Koblenz
1 121	7 770	6	93	.	.	.	.	Düsseldorf
.	.	.	.	.	.	.	.	Köln
.	.	.	.	.	.	.	.	Trier
.	.	.	.	.	.	.	.	Aachen
600 089	4 333 501	7	22	4 752	15 516	3	27	

Tafel

Zusammen-

der in den Abtriebsschlägen verschiedenen Alters je Fest-

Holzart: Kiefer.

Laufende Nummer	Regierungsbezirk	Bodenklasse I						Bodenklasse I/II							
		Altersklassen						Altersklassen							
		über 120		101/120		81/100		über 120		101/120		81/100		41/60	
		Alter	Preis	Alter	Preis	Alter	Preis	Alter	Preis	Alter	Preis	Alter	Preis	Alter	Preis
1	2	3						4							
1	Königsberg (mit Marienwerder)	.	.	.	.	.	.	.	.	.	.	.	.	.	.
2	Gumbinnen	.	.	.	.	.	.	.	.	.	.	.	.	.	.
3	Allenstein	138	22,2	.	.	.	.	168	34,4	.	.	.	.	.	.
4	Schneidemühl	.	.	.	.	.	.	134	22,1	.	.	.	.	.	.
5	Potsdam	141	24,5	.		.	.	131	23,0	112	24,9	92	19,0	.	.
6	Frankfurt a. O.	.	.	.	.	.	.	138	22,5	.	.	97	19,0	.	.
7	Stettin	.	.	.	.	.	.	138	30,0	.	.	.	.	.	.
8	Köslin	.	.	.	.	.	.	.	.	.	.	.	.	.	.
9	Stralsund	.	.	.	.	.	.	.	.	.	.	.	.	.	.
10	Breslau (mit Liegnitz)	127	30,5	.	.	97	24,3	138	22,0	107	32,1	.	.	.	.
11	Oppeln	.	.	.	.	.	.	.	.	.	.	.	.	.	.
12	Magdeburg	.	.	.	.	.	.	.	.	.	.	.	.	.	.
13	Merseburg	.	.	.	.	.	.	.	.	.	.	.	.	.	.
14	Erfurt	.	.	.	.	.	.	.	.	.	.	.	.	.	.
15	Schleswig	.	.	.	.	.	.	.	.	.	.	.	.	.	.
16	Hannover (mit Osnabrück)	.	.	.	.	.	.	.	.	.	.	.	.	.	.
17	Hildesheim	.	.	.	.	.	.	.	.	.	.	.	.	.	.
18	Lüneburg	.	.	110	38,1	.	.	.	.	.	.	.	.	53	10,2
19	Stade (mit Aurich)	.	.	.	.	.	.	.	.	.	.	.	.	.	.
20	Minden (mit Münster)	.	.	.	.	.	.	.	.	.	.	.	.	.	.
21	Arnsberg	.	.	.	.	.	.	.	.	.	.	.	.	.	.
22	Kassel	.	.	.	.	.	.	.	.	.	.	.	.	.	.
23	Wiesbaden	.	.	.	.	.	.	.	.	.	.	.	.	.	.
	Zusammen	406	77,2	110	38,1	97	24,3	847	154,0	219	57,0	189	38,0	53	10,2
	Arithmetisches Mittel	135	25,7	110	38,1	97	24,3	141	25,7	110	28,5	95	19,0	53	10,2

9d.

stellung

meter Derbholz erzielten erntekostenfreien Verkaufserlöse.

Forstwirtschaftsjahr: 1924.

Bodenklasse II												Regierungsbezirk
Altersklassen												
über 120		101/120		81/100		61/80		41/60		21/40		
Alter	Preis	Alter	Preis	Alter	Preis	Alter	Preis	Alter	Preis	Alter	Preis	
						5						
128	23,7	117	22,1	.	.	.	.	.	.	.	.	Königsberg (m. Marienw.)
.	.	.	.	.	.	.	.	.	.	.	.	Gumbinnen
145	23,0	119	22,5	100	23,0	.	.	48	11,5	.	.	Allenstein
137	29,8	120	20,1	.	.	.	.	.	.	.	.	Schneidemühl
												Potsdam
141	27,9	111	23,1	98	25,4	.	.	.	.	.	.	
141	21,5	113	28,6	.	.	.	.	.	.	.	.	Frankfurt a. O.
133	31,9	114	19,8	.	.	.	.	.	.	.	.	Stettin
121	43,5	.	.	.	.	.	.	.	.	.	.	Köslin
132	34,1	.	.	92	20,7	.	.	.	.	.	.	Stralsund
												Breslau (mit Liegnitz)
136	27,6	.	.	90	19,8	.	.	.	.	.	.	
129	17,5	113	20,7	.	.	.	.	.	.	.	.	Oppeln
.	.	.	.	.	.	.	.	.	.	39	17,6	Magdeburg
.	.	112	32,7	100	27,1	.	.	45	16,4	.	.	Merseburg
.	.	.	.	.	.	.	.	.	.	.	.	Erfurt
												Schleswig
.	.	.	.	.	.	.	.	.	.	.	.	
.	.	.	.	.	.	.	.	.	.	.	.	Hannover (m. Osnabr.)
.	.	.	.	.	.	.	.	.	.	.	.	Hildesheim
.	.	110	19,8	84	17,3	.	.	54	15,4	.	.	Lüneburg
.	.	110	31,7	.	.	.	.	.	.	.	.	Stade (mit Aurich)
.	.	.	.	.	.	.	.	.	.	.	.	Minden (mit Münster)
.	.	.	.	.	.	.	.	.	.	.	.	Arnsberg
.	.	.	.	100	17,9	75	15,7	.		.	.	Kassel
.	.	.	.	.	.	.	.	.	.	.	.	Wiesbaden
1343	280,5	1139	241,1	664	151,2	75	15,7	147	43,3	39	17,6	
134	28,1	114	24,1	95	21,6	75	15,7	49	14,4	39	17,6	

Holzart: Kiefer.

Laufende Nummer	Regierungsbezirk	Bodenklasse II/III												Boden-					
		Altersklassen												Alters-					
		über 120		101/120		81/100		61/80		41/60		21/40		über 120		101/120		81/100	
		Alter	Preis	Alter	Preis	Alter	Preis	Alter	Preis	Alter	Preis	Alter	Preis	Alter	Preis	Alter	Preis	Alter	Preis
		6												7					
1	Königsberg (m. Marienw.)	126	24,8	111	23,2	94	18,2	.	.	.	.	.	.	130	22,8	109	24,9	93	20,2
2	Gumbinnen	.	.	.	.	.	.	.	.	.	.	.	.	138	24,0	112	21,8	.	.
3	Allenstein	142	26,1	117	17,4	92	21,3	.	.	47	12,1	35	15,4	137	24,0	113	23,5	97	16,2
4	Schneidemühl	132	24,9	113	24,2	99	18,0	80	21,7	.	.	.	.	131	25,7	113	23,6	90	20,4
5	Potsdam	141	28,7	114	26,2	95	24,2	75	19,0	.	.	.	.	140	24,3	113	23,4	92	19,0
6	Frankfurt a. O.	143	25,6	114	21,4	94	20,5	69	13,3	55	12,4	38	9,1	143	23,5	110	17,7	93	18,8
7	Stettin	138	30,3	116	26,9	87	18,5	.	.	.	.	.	.	138	27,1	110	21,7	.	.
8	Köslin	149	26,6	117	31,6	.	.	.	.	.	.	.	.	141	28,2	113	26,0	.	.
9	Stralsund	144	25,1	.	.	83	21,9	.	.	.	.	.	.	140	20,6	111	19,5	85	12,6
10	Breslau (mit Liegnitz)	125	26,0	114	21,9	110	31,0	64	14,6	.	.	.	.	129	23,7	107	22,1	95	16,6
11	Oppeln	134	19,8	115	20,6	.	.	.	.	.	.	.	.	136	20,0	110	17,7	94	15,0
12	Magdeburg	143	29,3	116	22,8	.	.	.	.	.	.	.	.	129	24,1	118	22,0	94	25,1
13	Merseburg	132	27,6	110	22,2	90	19,9	.	.	55	16,7	.	.	128	26,5	114	25,3	.	.
14	Erfurt	.	.	.	.	92	20,0	.	.	.	.	.	.	.	.	.	.	88	16,6
15	Schleswig	.	.	.	.	88	16,2	.	.	.	.	.	.	.	.	.	.	.	.
16	Hannover (mit Osnabr.)	.	.	.	.	.	.	71	30,6	.	.	.	.	.	.	113	37,6	.	.
17	Hildesheim	.	.	.	.	.	.	.	.	.	.	.	.	.	.	.	.	.	.
18	Lüneburg	.	.	104	27,8	89	20,1	69	20,6	.	.	.	.	133	29,4	109	23,8	87	22,4
19	Stade (mit Aurich)	.	.	.	.	.	.	.	.	.	.	.	.	.	.	102	26,8	87	26,7
20	Minden (m. Münster)	.	.	.	.	82	29,3	.	.	.	.	.	.	.	.	.	.	.	.
21	Arnsberg	.	.	.	.	.	.	.	.	.	.	.	.	.	.	.	.	.	.
22	Kassel	.	.	.	.	85	16,8	.	.	.	.	.	.	.	.	.	.	86	17,6
23	Wiesbaden	.	.	.	.	.	.	77	9,0	.	.	.	.	.	.	.	.	.	.
	Zusammen	1649	314,8	1361	286,2	1280	295,9	505	128,8	157	41,2	73	24,5	1893	343,9	1777	377,4	1181	247,2
	Arithmetisches Mittel	137	26,2	114	23,9	91	21,1	72	18,4	52	13,7	37	12,3	135	24,6	111	23,5	91	19,0

9 d.

Forstwirtschaftsjahr: 1924.

klasse III						Bodenklasse III/IV												Regierungsbezirk
klassen						Altersklassen												
61/80		41/60		21/40		über 120		101/120		81/100		61/80		41/60		21/40		
Alter	Preis	Alter	Preis	Alter	Preis	Alter	Preis	Alter	Preis	Alter	Preis	Alter	Preis	Alter	Preis	Alter	Preis	
7						8												
76	15,0	.	.	.	.	122	20,8	.	.	98	19,8	70	22,0	.	.	.	.	Königsberg (mit Marienw.)
.	.	.	.	.	.	132	22,1	112	19,8	.	.	.	.	.	.	.	.	Gumbinnen
73	12,3	45	8,7	33	12,5	148	21,7	118	23,0	.	.	69	9,6	46	14,6	36	10,7	Allenstein
76	17,8	50	8,6	.	.	133	22,8	112	18,6	91	20,4	77	16,2	52	13,5	.	.	Schneidemühl
76	17,1	60	6,2	.	.	138	21,7	109	20,9	93	16,4	74	15,3	43	9,3	.	.	Potsdam
69	15,5	53	7,2	35	7,2	137	20,7	111	20,0	88	15,5	72	12,0	47	6,5	38	5,9	Frankfurt a. O.
.	.	.	.	.	.	137	25,0	102	17,4	.	.	.	.	55	9,9	.	.	Stettin
.	.	49	10,5	.	.	135	28,4	114	28,3	.	.	.	.	.	.	.	.	Köslin
77	20,2	52	21,7	.	.	.	.	113	21,8	.	.	71	18,5	.	.	.	.	Stralsund
.	.	.	.	.	.	.	.	114	20,9	88	10,9	.	.	.	.	.	.	Breslau (mit Liegnitz)
67	12,1	55	10,6	.	.	140	16,8	116	18,5	94	15,6	.	.	.	.	.	.	Oppeln
79	22,4	.	.	.	.	141	32,3	106	25,3	93	21,0	.	.	.	.	.	.	Magdeburg
68	22,2	53	14,9	.	.	127	24,1	110	23,3	87	16,8	75	19,5	.	.	38	7,9	Merseburg
.	.	.	.	.	.	.	.	.	.	.	.	.	.	.	.	.	.	Erfurt
.	.	.	.	.	.	.	.	.	.	88	14,2	.	.	53	8,2	.	.	Schleswig
67	24,9	.	.	.	.	121	19,3	105	25,9	.	.	65	13,6	.	.	.	.	Hannover (m. Osnabr.)
.	.	.	.	.	.	.	.	.	.	.	.	.	.	.	.	.	.	Hildesheim
70	16,0	57	19,2	.	.	133	24,6	118	27,2	.	.	68	17,3	56	13,4	.	.	Lüneburg
70	21,8	.	.	.	.	.	.	.	.	91	27,5	.	.	.	.	.	.	Stade (mit Aurich)
.	.	.	.	.	.	.	.	.	.	.	.	.	.	.	.	.	.	Minden (mit Münster)
.	.	.	.	.	.	.	.	.	.	.	.	.	.	.	.	.	.	Arnsberg
76	26,7	.	.	.	.	.	.	.	.	.	.	79	14,7	.	.	.	.	Kassel
.	.	.	.	.	.	.	.	.	.	.	.	.	.	.	.	.	.	Wiesbaden
944	244,0	474	107,6	68	19,7	1744	300,3	1560	310,9	911	178,1	720	158,7	352	75,4	112	24,5	
73	18,8	53	12,0	34	9,9	134	23,1	111	22,2	91	17,8	72	15,9	50	10,8	37	8,2	

Zu Tafel

Holzart: Kiefer.

Laufende Nummer	Regierungsbezirk	Bodenklasse IV												Boden-			
		Altersklassen												Alters-			
		über 120		101/120		81/100		61/80		41/60		21/40		über 120		101/120	
		Alter	Preis	Alter	Preis	Alter	Preis	Alter	Preis	Alter	Preis	Alter	Preis	Alter	Preis	Alter	Preis
		9															
1	Königsberg (m. Marienwerder)	.	.	.	.	.	.	.	.	.	.	.	.	.	.	102	20,5
2	Gumbinnen	140	24,3	.	.	.	.	.	.	.	.	.	.	125	20,4	.	.
3	Allenstein	130	18,2	109	19,0	95	13,2	65	16,7	.	.	.	.	.	.	.	.
4	Schneidemühl	130	27,1	109	21,0	94	13,3	69	10,3	52	12,3	40	10,3	.	.	103	13,5
5	Potsdam	132	18,4	106	19,4	92	14,8	77	17,4	46	9,2	.	.	128	15,4	114	16,0
6	Frankfurt a. O.	132	21,7	109	16,3	93	14,5	73	13,1	56	6,9	35	8,8	129	19,0	112	14,5
7	Stettin	143	25,5	112	23,6	94	12,4	.	.	.	.	.	.	126	13,6	118	13,7
8	Köslin	.	.	120	14,0	100	9,4	74	11,7	57	7,8	.	.	.	.	.	.
9	Stralsund	130	24,2	117	17,5	87	10,6	62	15,7	.	.	.	.	.	.	.	.
10	Breslau (mit Liegnitz) .	.	.	105	14,9	.	.	.	.	.	.	.	.	.	.	.	.
11	Oppeln	134	22,0	110	18,4	100	13,2	.	.	.	.	.	.	123	14,6	.	.
12	Magdeburg	128	15,4	.	.	88	23,2	.	.	.	.	.	.	.	.	.	.
13	Merseburg	123	20,0	111	19,5	98	18,5	.	.	.	.	.	.	121	16,5	113	18,4
14	Erfurt	.	.	.	.	90	12,3	.	.	.	.	.	.	.	.	.	.
15	Schleswig	.	.	.	.	.	.	.	.	.	.	.	.	.	.	.	.
16	Hannover (mit Osnabrück)	.	.	.	.	85	20,8	69	16,9	60	13,2	.	.	.	.	.	.
17	Hildesheim	.	.	.	.	.	.	.	.	.	.	.	.	.	.	.	.
18	Lüneburg	.	.	.	.	.	.	73	15,4	54	12,2	.	.	135	29,3	120	25,8
19	Stade (mit Aurich) . . .	.	.	.	.	81	20,0	72	11,6	57	11,0	.	.	.	.	.	.
20	Minden (mit Münster) .	.	.	.	.	.	.	.	.	.	.	.	.	.	.	.	.
21	Arnsberg	.	.	.	.	.	.	.	.	.	.	.	.	.	.	.	.
22	Kassel	.	.	.	.	.	.	.	.	.	.	.	.	.	.	.	.
23	Wiesbaden	.	.	.	.	.	.	.	.	.	.	.	.	.	.	.	.
	Zusammen	1322	216,8	1108	183,6	1197	196,2	634	128,8	382	72,6	75	19,1	887	128,8	782	122,4
	Arithmetisches Mittel	132	21,7	111	18,4	92	15,1	70	14,3	55	10,4	38	9,6	127	18,4	112	17,5

9 d.

Forstwirtschaftsjahr: 1924.

klasse IV/V								Bodenklasse V										Regierungsbezirk
klassen								Altersklassen										
81/100		61/80		41/60		21/40		über 120		101/120		81/100		61/80		41/60		
Alter	Preis	Alter	Preis	Alter	Preis	Alter	Preis	Alter	Preis	Alter	Preis	Alter	Preis	Alter	Preis	Alter	Preis	
10								11										
.	.	.	.	.	.	.	.	.	.	.	.	.	.	77	15,7	.	.	Königsberg (m. Marienw.)
.	.	.	.	.	.	.	.	.	.	.	.	.	.	.	.	.	.	Gumbinnen
.	.	75	13,3	.	.	.	.	.	.	.	.	.	.	.	.	.	.	Allenstein
95	19,7	68	11,8	52	8,3	36	8,6	.	.	.	.	.	.	65	7,8	45	10,2	Schneidemühl
92	15,5	.	.	.	.	.	.	122	15,9	.	.	91	19,3	78	10,1	.	.	Potsdam
96	11,3	69	7,7	54	7,7	.	.	140	12,9	111	12,1	90	11,7	74	10,9	47	3,6	Frankfurt a. O.
.	.	78	14,0	.	.	.	.	.	.	.	.	.	.	.	.	.	.	Stettin
85	20,0	74	12,8	50	7,0	.	.	.	.	.	.	.	.	70	8,0	48	9,0	Köslin
.	.	.	.	.	.	.	.	.	.	.	.	.	.	.	.	.	.	Stralsund
.	.	.	.	.	.	.	.	.	.	.	.	.	.	.	.	.	.	Breslau (mit Liegnitz)
.	.	.	.	.	.	.	.	.	.	.	.	.	.	.	.	.	.	Oppeln
.	.	75	19,0	.	.	.	.	.	.	.	.	.	.	.	.	.	.	Magdeburg
.	.	.	.	.	.	.	.	.	.	.	.	.	.	.	.	.	.	Merseburg
.	.	.	.	.	.	.	.	.	.	.	.	.	.	.	.	.	.	Erfurt
.	.	.	.	.	.	.	.	.	.	.	.	.	.	.	.	.	.	Schleswig
81	18,3	.	.	.	.	.	.	.	.	102	11,9	.	.	.	.	.	.	Hannover (m. Osnabrück)
.	.	.	.	.	.	.	.	.	.	.	.	.	.	.	.	.	.	Hildesheim
.	.	73	12,9	53	12,1	.	.	.	.	120	16,8	.	.	.	.	.	.	Lüneburg
.	.	.	.	.	.	.	.	.	.	.	.	.	.	.	.	.	.	Stade (mit Aurich)
.	.	.	.	.	.	.	.	.	.	.	.	.	.	.	.	.	.	Minden (mit Münster)
.	.	.	.	.	.	.	.	.	.	.	.	.	.	.	.	.	.	Arnsberg
.	.	.	.	.	.	.	.	.	.	.	.	.	.	.	.	.	.	Kassel
.	.	.	.	.	.	.	.	.	.	.	.	.	.	.	.	.	.	Wiesbaden
449	84,8	512	91,5	209	35,1	36	8,6	262	28,8	333	40,8	181	31,0	364	52,5	140	22,8	
90	17,0	73	13,0	52	8,8	36	8,6	131	14,4	111	13,6	91	15,5	73	10,5	47	7,6	

Tafel

Zusammen-

der in den Abtriebsschlägen verschiedenen Alters je Fest-

Holzart: Fichte.

Laufende Nummer	Regierungsbezirk	Bodenklasse I								Bodenklasse I/II									
		Altersklassen								Altersklassen									
		über 120		101/120		81/100		61/80		über 120		101/120		81/100		61/80		41/60	
		Alter	Preis	Alter	Preis	Alter	Preis	Alter	Preis	Alter	Preis	Alter	Preis	Alter	Preis	Alter	Preis	Alter	Preis
1	2	3								4									
1	Gumbinnen	.	.	.	.	.	.	.	.	.	.	.	.	.	.	.	.	.	.
2	Allenstein	.	.	.	.	.	.	.	.	.	.	.	.	89	12,3	.	.	.	.
3	Stettin	.	.	.	.	.	.	.	.	.	.	.	.	.	.	.	.	.	.
4	Stralsund	.	.	.	.	.	.	.	.	.	.	.	.	.	.	.	.	.	.
5	Breslau (m. Liegnitz)	.	.	.	.	.	.	.	.	.	.	.	.	.	.	.	.	.	.
6	Oppeln	.	.	.	.	.	.	.	.	.	.	.	.	.	.	.	.	.	.
7	Merseburg	130	44,0	120	40,5	.	.	.	.	.	.	115	29,9	.	.	.	.	.	.
8	Erfurt	127	20,0	114	18,6	.	.	.	.	.	.	103	19,2	100	18,0	.	.	.	.
9	Schleswig	.	.	.	.	.	.	.	.	.	.	.	.	.	.	.	.	.	.
10	Hannover (m. Osnabr.)	.	.	.	.	.	.	.	.	.	.	.	.	.	.	.	.	.	.
11	Hildesheim	125	23,0	.	.	82	20,5	.	.	127	25,8	110	25,8	96	28,0	.	.	.	.
12	Stade (mit Aurich)	.	.	.	.	.	.	.	.	.	.	.	.	.	.	.	.	.	.
13	Minden (m. Münster)	.	.	.	.	.	.	.	.	.	.	.	.	.	.	77	35,1	.	.
14	Arnsberg	.	.	.	.	84	32,0	.	.	.	.	.	.	86	32,0	.	.	54	18,3
15	Kassel	.	.	.	.	.	.	72	18,9	.	.	.	.	.	.	.	.	.	.
16	Wiesbaden	.	.	.	.	.	.	.	.	.	.	.	.	.	.	.	.	.	.
	Zusammen	382	87,0	234	59,1	166	52,5	72	18,9	127	25,8	328	74,9	371	90,3	77	35,1	54	18,3
	Arithm. Mittel	127	29,0	117	29,5	83	26,2	72	18,9	127	25,8	109	25,0	93	22,6	77	35,1	54	18,3

Laufende Nummer	Regierungsbezirk	Bodenklasse III												Boden-			
		Altersklassen												Alters-			
		über 120		101/120		81/100		61/80		41/60		21/40		über 120		101/120	
		Alter	Preis	Alter	Preis	Alter	Preis	Alter	Preis	Alter	Preis	Alter	Preis	Alter	Preis	Alter	Preis
																	8
1	Gumbinnen	.	.	.	.	.	.	.	.	.	.	.	.	.	.	.	.
2	Allenstein	.	.	.	.	.	.	.	.	.	.	.	.	130	20,9	.	.
3	Stettin	.	.	.	.	.	.	.	.	.	.	.	.	.	.	.	.
4	Stralsund	.	.	.	.	.	.	62	13,8	57	12,6	.	.	.	.	.	.
5	Breslau (mit Liegnitz)	.	.	.	.	.	.	.	.	.	.	.	.	.	.	114	20,9
6	Oppeln	.	.	.	.	.	.	.	.	.	.	.	.	.	.	.	.
7	Merseburg	.	.	.	.	85	24,6	.	.	.	.	.	.	.	.	.	.
8	Erfurt	131	25,3	108	21,4	95	23,5	70	14,3	.	.	.	.	131	23,4	110	23,1
9	Schleswig	.	.	.	.	.	.	.	.	.	.	34	12,9	.	.	.	.
10	Hannover (mit Osnabrück)	.	.	.	.	100	35,2	65	22,0	.	.	.	.	.	.	.	.
11	Hildesheim	129	20,6	111	24,6	95	19,1	69	17,7	.	.	.	.	200	18,9	114	21,2
12	Stade (mit Aurich)	.	.	.	.	.	.	.	.	61	13,9	.	.	.	.	.	.
13	Minden (mit Münster)	.	.	.	.	89	32,3	.	.	.	.	.	.	.	.	.	.
14	Arnsberg	.	.	.	.	90	36,0	.	.	.	.	.	.	.	.	.	.
15	Kassel	.	.	.	.	96	18,6	.	.	.	.	.	.	.	.	.	.
16	Wiesbaden	.	.	.	.	.	.	70	29,2	.	.	.	.	.	.	.	.
	Zusammen	260	45,9	219	46,0	650	189,3	336	97,0	118	26,5	34	12,9	461	63,2	338	65,1
	Arithm. Mittel	130	23,0	110	23,0	93	27,0	67	19,4	59	13,3	34	12,9	154	21,1	113	21,7

9 d.

stellung

meter Derbholz erzielten erntekostenfreien Verkaufserlöse.

Forstwirtschaftsjahr: 1924.

		Bodenklasse II										Bodenklasse II/III									
		Altersklassen										Altersklassen									
21/40		über 120		101/120		81/100		61/80		41/60		über 120		101/120		81/100		61/80		41/60	
Alter	Preis	Alter	Preis	Alter	Preis	Alter	Preis	Alter	Preis	Alter	Preis	Alter	Preis	Alter	Preis	Alter	Preis	Alter	Preis	Alter	Preis
		5										6									
.	.	.	.	.	.	91	13,1	.	.	.	.	.	.	.	.	.	.	.	.	.	.
.	.	.	.	.	.	.	.	.	.	.	.	125	12,1	.	.	.	.	.	.	.	.
.	.	.	.	.	.	.	.	.	.	.	.	.	.	.	.	.	.	70	12,1	.	.
.	.	.	.	.	.	.	.	.	.	.	.	.	.	.	.	.	.	75	23,4	.	.
.	.	129	21,1	.	.	.	.	.	.	.	.	.	.	114	16,5	100	41,1	.	.	.	.
.	.	128	18,2	.	31,9	.	.	.	.	.	.	.	.	.	.	.	.	.	.	.	.
.	.	.	.	108	23,3	.	.	.	.	.	.	.	.	106	30,7	.	.	75	23,0	.	.
.	.	126	22,2	106	.	.	.	.	.	.	.	130	27,2	113	23,2	98	24,0	.	.	.	.
.	.	.	.	.	.	.	.	.	.	.	.	.	.	.	.	.	.	.	.	42	13,3
.	.	.	.	.	.	.	.	73	28,8	.	.	.	.	.	.	.	.	63	21,3	.	.
.	.	125	23,0	109	20,8	94	18,5	75	20,9	.	.	124	24,3	109	24,0	94	22,2	74	17,6	45	10,5
.	.	.	.	.	.	.	.	.	.	.	.	.	.	.	.	.	.	.	.	.	.
.	.	.	.	.	.	81	28,5	65	19,3	.	.	.	.	.	.	93	32,6	78	30,8	.	.
38	13,2	.	.	.	.	.	.	62	18,4	54	19,2	.	.	106	30,1	90	40,3	80	44,8	.	.
.	.	.	.	.	.	90	28,2	.	.	.	.	.	.	.	.	.	.	.	.	.	.
.	.	.	.	.	.	92	27,3	.	.	.	.	.	.	.	.	81	18,4	.	.	.	.
38	13,2	508	84,5	323	76,0	448	115,6	275	87,4	54	19,2	379	63,6	548	124,5	556	178,6	515	173,0	87	23,8
38	13,2	127	21,1	108	25,3	90	23,1	69	21,9	54	19,2	126	21,2	110	24,9	93	29,8	74	24,7	44	11,9

klasse III/IV				Bodenklasse IV								Bodenklasse IV/V				Regierungsbezirk
klassen				Altersklassen								Altersklassen				
81/100		41/60		über 120		101/120		81/100		41/60		über 120		101/120		
Alter	Preis	Alter	Preis	Alter	Preis	Alter	Preis	Alter	Preis	Alter	Preis	Alter	Preis	Alter	Preis	
				9								10				
.	.	.	.	.	.	.	.	.	.	.	.	.	.	.	.	Gumbinnen
.	.	.	.	.	.	.	.	.	.	.	.	.	.	.	.	Allenstein
.	.	.	.	.	.	.	.	.	.	.	.	.	.	.	.	Stettin
.	.	58	12,6	.	.	.	.	.	.	.	.	.	.	.	.	Stralsund
.	.	.	.	.	.	.	.	.	.	.	.	.	.	.	.	Breslau (m. Liegnitz)
.	.	.	.	.	.	.	.	.	.	.	.	.	.	.	.	Oppeln
.	.	.	.	.	.	.	.	85	15,6	.	.	.	.	.	.	Merseburg
.	.	.	.	126	18,0	116	19,8	.	.	.	.	130	15,3	117	15,4	Erfurt
.	.	.	.	.	.	.	.	.	.	.	.	.	.	.	.	Schleswig
89	22,6	.	.	.	.	.	.	.	.	60	21,3	.	.	.	.	Hannover (m. Osnabr.)
92	19,6	.	.	.	.	.	.	99	15,7	.	.	200	18,8	.	.	Hildesheim
.	.	.	.	.	.	.	.	.	.	.	.	.	.	.	.	Stade (mit Aurich)
.	.	56	16,1	.	.	.	.	.	.	.	.	.	.	.	.	Minden (m. Münster)
.	.	.	.	.	.	.	.	.	.	.	.	.	.	.	.	Arnsberg
.	.	.	.	.	.	.	.	91	17,0	.	.	.	.	.	.	Kassel
.	.	.	.	.	.	.	.	.	.	.	.	.	.	.	.	Wiesbaden
181	42,2	114	28,7	126	18,0	116	19,8	275	48,3	60	21,3	330	34,1	117	15,4	
91	21,1	57	14,4	126	18,0	116	19,8	92	18,1	60	21,3	165	17,5	117	15,4	

Tafel

Zusammen-

der in den Abtriebsschlägen verschiedenen Alters je Fest-

Holzart: Kiefer.

Laufende Nummer	Regierungsbezirk	Bodenklasse I						Bodenklasse I/II					
		Altersklassen						Altersklassen					
		über 120		101/120		61/80		über 120		101/120		81/100	
		Alter	Preis	Alter	Preis	Alter	Preis	Alter	Preis	Alter	Preis	Alter	Preis
1	2	3						4					
1	Königsberg (m. Marienw.)	.	.	.	.	.	.	.	.	.	.	.	.
2	Gumbinnen	.	.	.	.	.	.	.	.	120	20,2	.	.
3	Allenstein	149	28,4	.	.	.	.	143	29,7	.	.	.	.
4	Schneidemühl	.	.	.	.	.	.	.	.	.	.	.	.
5	Potsdam	.	.	.	.	.	.	147	23,8	.	.	.	.
6	Frankfurt a. O.	.	.	.	.	.	.	.	.	.	.	.	.
7	Stettin	.	.	.	.	.	.	129	24,5	.	.	.	.
8	Köslin	.	.	.	.	.	.	.	.	.	.	.	.
9	Stralsund	.	.	.	.	.	.	.	.	.	.	.	.
10	Breslau (mit Liegnitz)	136	15,2	114	11,6	78	15,1	149	22,4	108	24,6	.	.
11	Oppeln	.	.	.	.	.	.	.	.	.	.	.	.
12	Magdeburg	.	.	.	.	.	.	.	.	.	.	.	.
13	Merseburg	.	.	.	.	.	.	.	.	.	.	.	.
14	Erfurt	.	.	.	.	.	.	.	.	.	.	.	.
15	Schleswig	.	.	.	.	.	.	.	.	.	.	.	.
16	Hannover (m. Osnabrück)	.	.	.	.	.	.	.	.	.	.	.	.
17	Lüneburg	.	.	.	.	.	.	.	.	.	.	.	.
18	Stade (m. Aurich)	.	.	.	.	.	.	.	.	.	.	.	.
19	Minden (mit Münster)	.	.	.	.	.	.	.	.	.	.	86	19,7
20	Kassel	.	.	.	.	.	.	.	.	.	.	.	.
21	Düsseldorf	.	.	.	.	.	.	.	.	105	31,2	.	.
22	Aachen	.	.	.	.	.	.	.	.	.	.	.	.
	Zusammen	285	43,6	114	11,6	78	15,1	568	100,4	333	76,0	86	19,7
	Arithmetisches Mittel	143	21,8	114	11,6	78	15,1	142	25,1	111	25,3	86	19,7

9 d.

stellung

meter Derbholz erzielten erntekostenfreien Verkaufserlöse.

Forstwirtschaftsjahr: 1925.

Bodenklasse II												Regierungsbezirk
Altersklassen												
über 120		101/120		81/100		61/80		41/60		21/40		
Alter	Preis	Alter	Preis	Alter	Preis	Alter	Preis	Alter	Preis	Alter	Preis	
5												
133	30,5	102	22,0	.	.	.	.	.	.	.	.	Königsberg (m. Marienw.)
.	.	103	18,4	.	.	.	.	.	.	.	.	Gumbinnen
146	30,1	120	20,2	.	.	.	.	49	5,4	.	.	Allenstein
136	18,5	115	31,7	.	.	61	10,4	.	.	37	6,1	Schneidemühl
143	26,3	120	23,3	95	24,0	.	.	.	.	.	.	Potsdam
167	24,1	.	.	90	12,7	.	.	.	.	.	.	Frankfurt a. O.
140	34,8	.	.	.	.	.	.	.	.	.	.	Stettin
.	.	.	.	.	.	.	.	.	.	.	.	Köslin
.	.	.	.	.	.	.	.	.	.	.	.	Stralsund
141	26,6	109	26,9	88	15,4	.	.	.	.	.	.	Breslau (mit Liegnitz)
132	24,1	113	25,2	.	.	.	.	.	.	.	.	Oppeln
.	.	.	.	.	.	78	26,4	.	.	.	.	Magdeburg
124	24,0	112	27,3	.	.	.	.	53	12,9		.	Merseburg
.	.	.	.	.	.	.	.		.	.	.	Erfurt
.	.	.	.	.	.	.	.	.	.	.	.	Schleswig
.	.	.	.	.	.	.	.	.	.	.	.	Hannover (mit Osnabrück)
124	36,0	116	31,3	100	23,4	.	.	53	20,9	.	.	Lüneburg
.	.	.	.	.	.	.	.	.	.	.	.	Stade (mit Aurich)
.	.	.	.	.	.	74	19,9	.	.	.	.	Minden (mit Münster)
.	.	.	.	.	.	.	.	.	.	.	.	Kassel
.	.	.	.	.	.	.	.	.	.	.	.	Düsseldorf
.	.	.	.	.	.	.	.	.	.	.	.	Aachen
1386	275,0	1010	226,3	373	75,5	213	56,7	155	39,2	37	6,1	
139	27,5	112	25,1	93	18,9	71	18,9	52	13,1	37	6,1	

Holzart: Kiefer.

Laufende Nummer	Regierungsbezirk	Bodenklasse II/III												Boden-					
		Altersklassen												Alters-					
		über 120		101/120		81/100		61/80		41/60		21/40		über 120		101/120		81/100	
		Alter	Preis	Alter	Preis	Alter	Preis	Alter	Preis	Alter	Preis	Alter	Preis	Alter	Preis	Alter	Preis	Alter	Preis
		6												7					
1	Königsberg (m. Marienw.)	123	23,4	114	23,4	85	21,1	.	.	.	.	.	.	143	20,2	114	21,7	94	20,0
2	Gumbinnen	.	.	.	.	.	.	.	.	.	.	.	.	141	21,8	110	27,3	.	.
3	Allenstein	145	26,8	114	24,9	85	10,2	.	.	.	.	.	.	139	28,5	.	.	.	.
4	Schneidemühl . . .	135	32,5	112	20,1	90	8,1	69	9,9	50	6,6	37	6,8	137	21,8	111	25,7	90	10,2
5	Potsdam	141	30,9	110	25,9	.	.	.	.	.	.	.	.	139	27,2	111	27,7	99	23,5
6	Frankfurt a. O. . . .	150	19,0	107	10,6	92	15,6	73	12,3	.	.	.	.	147	19,1	112	7,4	89	11,9
7	Stettin	142	26,0	115	19,4	.	.	80	14,8	.	.	.	.	139	25,6	120	13,8	93	15,9
8	Köslin	.	.	.	.	.	.	.	.	.	.	.	.	.	.	.	.	.	.
9	Stralsund	145	22,2	.	.	.	.	76	16,0	.	.	.	.	.	.	114	24,5	.	.
10	Breslau (m. Liegnitz)	132	15,9	114	21,6	.	.	66	13,7	.	.	.	.	128	24,0	113	8,8	92	16,8
11	Oppeln	131	22,4	109	21,5	.	.	.	.	.	.	.	.	141	24,2	117	17,7	100	18,3
12	Magdeburg	.	.	104	25,9	.	.	.	.	.	.	.	.	138	28,0	112	24,4	92	26,3
13	Merseburg	140	31,7	111	26,3	93	26,9	.	.	50	12,7	.	.	131	30,1	109	24,9	92	14,3
14	Erfurt	.	.	.	.	.	.	.	.	.	.	.	.	.	.	.	.	84	14,3
15	Schleswig	.	.	.	.	.	.	.	.	.	.	.	.	.	.	.	.	.	.
16	Hannover (m. Osnabrück)	.	.	.	.	.	.	.	.	.	.	.	.	.	.	103	35,8	.	.
17	Lüneburg	131	34,6	116	26,5	98	23,8	.	.	.	.	.	.	135	25,8	111	22,6	90	18,9
18	Stade (mit Aurich) .	.	.	.	.	.	.	.	.	.	.	.	.	.	.	.	.	88	23,7
19	Minden (m. Münster)	.	.	.	.	.	.	.	.	.	.	.	.	.	.	.	.	.	.
20	Kassel	.	.	.	.	88	17,0	.	.	.	.	.	.	.	.	.	.	92	15,2
21	Düsseldorf	.	.	.	.	.	.	.	.	.	.	.	.	.	.	.	.	92	21,1
22	Aachen	.	.	.	.	.	.	.	.	.	.	.	.	.	.	.	.	82	11,1
	Zusammen	1515	285,4	1226	246,1	631	122,7	364	66,7	100	19,3	37	6,8	1658	296,3	1457	282,3	1369	261,5
	Arithm. Mittel	138	25,9	111	22,4	90	17,5	73	13,3	50	9,7	37	6,8	138	24,7	112	21,7	91	17,4

9 d.

Forstwirtschaftsjahr: 1925.

klasse III						Bodenklasse III/IV												Regierungsbezirk
klassen						Altersklassen												
61/80		41/60		21/40		über 120		101/120		81/100		61/80		41/60		21/40		
Alter	Preis	Alter	Preis	Alter	Preis	Alter	Preis	Alter	Preis	Alter	Preis	Alter	Preis	Alter	Preis	Alter	Preis	
7						8												
.	.	.	.	.	.	133	20,8	.	.	.	.	.	.	.	.	.	.	Königsberg (m. Marienw.)
.	.	.	.	.	.	140	20,9	116	21,1	.	.	.	.	.	.	.	.	Gumbinnen
71	8,9	53	6,8	33	5,0	200	13,8	116	22,5	.	.	65	3,8	55	4,2	35	3,5	Allenstein
79	11,1	56	7,5	35	5,9	133	26,1	114	19,8	91	9,3	77	13,3	54	7,2	.	.	Schneidemühl
.	.	51	9,6	39	2,5	139	21,4	111	21,4	92	16,1	77	17,5	47	6,0	.	.	Potsdam
72	10,8	52	8,8	38	7,0	141	13,8	115	9,2	89	9,5	69	9,6	56	8,8	36	8,2	Frankfurt a. O.
.	.	.	.	.	.	149	21,4	109	21,2	.	.	.	.	.	.	.	.	Stettin
.	.	.	.	26	5,2	154	29,1	.	.	.	.	.	.	48	4,7	29	5,1	Köslin
.	.	.	.	.	.	127	19,0	.	.	95	15,6	79	19,8	.	.	.	.	Stralsund
.	.	.	.	.	.	.	.	.	.	.	.	77	13,2	.	.	.	.	Breslau (m. Liegnitz)
69	10,5	53	11,4	.	.	128	19,1	114	19,0	.	.	.	.	.	.	.	.	Oppeln
72	20,8	.	.	.	.	.	.	.	.	90	18,1	.	.	.	.	.	.	Magdeburg
72	19 1	54	11,6	.	.	128	26,1	107	24,6	90	19,3	.	.	.	.	.	.	Merseburg
.	.	.	.	.	.	.	.	.	.	.	.	.	.	.	.	.	.	Erfurt
.	.	.	.	.	.	.	.	.	.	.	.	.	.	.	.	.	.	Schleswig
.	.	.	.	.	.	122	15,5	.	.	.	.	66	13,6	.	.	.	.	Hannover (m. Osnabrück)
77	18,5	60	10,5	.	.	137	28,0	109	21,8	.	.	74	17,5	57	10,8	.	.	Lüneburg
73	20,3	.	.	.	.	.	.	.	.	.	.	.	.	.	.	.	.	Stade (m. Aurich)
.	.	.	.	.	.	.	.	.	.	.	.	.	.	.	.	.	.	Minden (m. Münster)
.	.	.	.	.	.	.	.	.	.	.	.	.	.	.	.	.	.	Kassel
.	.	.	.	.	.	.	.	.	.	.	.	.	.	.	.	.	.	Düsseldorf
.	.	.	.	.	.	.	.	.	.	.	.	.	.	.	.	.	.	Aachen
585	120,0	379	66,2	171	25,6	1831	275,0	1011	180,6	547	87,9	584	108,3	317	41,7	100	16,8	
73	15,0	54	9,5	34	5,1	141	21,2	112	20,1	91	14,7	73	13,5	53	7,0	33	5,6	

Zu Tafel

Holzart: Kiefer.

Laufende Nummer	Regierungsbezirk	Bodenklasse IV												Boden-					
		Altersklassen												Alters-					
		über 120		101/120		81/100		61/80		41/60		21/40		über 120		101/120		81/100	
		Alter	Preis	Alter	Preis	Alter	Preis	Alter	Preis	Alter	Preis	Alter	Preis	Alter	Preis	Alter	Preis	Alter	Preis
		9												10					
1	Königsberg (m. Marienw.)	.	.	.	.	.	.	.	.	.	.	.	.	.	.	.	.	.	.
2	Gumbinnen	.	.	.	.	.	.	.	.	.	.	.	.	.	.	.	.	.	.
3	Allenstein	150	18,9	118	15,0	97	6,2	.	.	48	5,5	38	8,4	.	.	.	.	.	.
4	Schneidemühl . . .	131	27,2	110	13,9	91	15,3	66	7,7	55	5,9	.	.	.	.	.	.	94	11,0
5	Potsdam	132	25,0	119	21,3	95	19,2	.	.	.	.	.	.	135	12,8	110	14,3	.	.
6	Frankfurt a. O. . .	144	11,3	115	14,3	91	10,5	71	6,4	57	8,2	36	5,0	134	6,6	.	.	85	6,7
7	Stettin	.	.	105	18,5	.	.	.	.	.	.	.	.	.	.	.	.	.	.
8	Köslin	.	.	.	.	.	.	.	.	53	8,9	32	5,2	.	.	.	.	.	.
9	Stralsund	.	.	.	.	.	.	.	.	.	.	.	.	.	.	.	.	.	.
10	Breslau (m. Liegnitz)	140	21,5	.	.	.	.	.	.	.	.	.	.	.	.	.	.	.	.
11	Oppeln	154	21,2	113	16,4	91	15,0	70	15,4	.	.	.	.	.	.	108	12,6	.	.
12	Magdeburg . . .	.	.	.	.	95	22,8	.	.	.	.	.	.	.	.	.	.	.	.
13	Merseburg	124	18,8	111	20,3	92	17,8	.	.	52	10,9	.	.	122	19,5	103	19,5	.	.
14	Erfurt	.	.	.	.	86	19,4	.	.	.	.	.	.	.	.	.	.	.	.
15	Schleswig	.	.	.	.	.	.	70	17,5	.	.	.	.	.	.	.	.	.	.
16	Hannover (m. Osnabr.)	.	.	.	.	.	.	74	17,3	.	.	.	.	.	.	.	.	83	16,6
17	Lüneburg	128	21,8	.	.	.	.	.	.	51	11,5	.	.	.	.	.	.	.	.
18	Stade (m. Aurich) .	.	.	.	.	.	.	.	.	.	.	.	.	.	.	.	.	.	.
19	Minden (m. Münster)	.	.	.	.	.	.	.	.	.	.	.	.	.	.	.	.	.	.
20	Kassel	.	.	.	.	.	.	.	.	.	.	.	.	.	.	.	.	.	.
21	Düsseldorf	.	.	.	.	.	.	.	.	.	.	.	.	.	.	.	.	.	.
22	Aachen	.	.	.	.	86	17,5	.	.	.	.	.	.	.	.	.	.	.	.
	Zusammen	1103	165,7	791	119,7	824	143,7	351	64,3	316	50,9	106	18,6	391	38,9	321	46,4	262	34,3
	Arithm. Mittel	138	20,7	113	17,1	92	16,0	70	12,9	53	8,5	35	6,2	130	13,0	107	15,5	87	11,4

9 d.

Forstwirtschaftsjahr: 1925.

klasse IV/V				Bodenklasse V												Regierungsbezirk
klassen				Altersklassen												
61/80		41/60		über 120		101/120		81/100		61/80		41/60		21/40		
Alter	Preis	Alter	Preis	Alter	Preis	Alter	Preis	Alter	Preis	Alter	Preis	Alter	Preis	Alter	Preis	
10				11												
.	.	.	.	.	.	.	.	.	.	.	.	.	.	.	.	Königsberg (m. Marienw.)
.	.	.	.	.	.	.	.	.	.	.	.	.	.	.	.	Gumbinnen
.	.	.	.	.	.	.	.	88	8,5	.	.	.	.	36	8,0	Allenstein
.	.	59	11,0	.	.	.	.	.	.	.	.	.	.	.	.	Schneidemühl
.	.	.	.	.	.	.	.	.	.	.	.	.	.	.	.	Potsdam
61	1,7	55	4,5	131	9,3	110	11,2	91	6,3	.	.	53	3,1	.	.	Frankfurt a. O.
.	.	.	.	.	.	.	.	.	.	.	.	.	.	.	.	Stettin
.	.	50	6,2	.	.	.	.	.	.	.	.	54	4,5	.	.	Köslin
.	.	.	.	.	.	.	.	.	.	.	.	.	.	.	.	Stralsund
.	.	.	.	.	.	.	.	.	.	.	.	.	.	.	.	Breslau (m. Liegnitz)
.	.	55	12,3	121	18,9	115	14,1	.	.	75	9,4	.	.	.	.	Oppeln
65	20,3	.	.	.	.	.	.	.	.	.	.	.	.	.	.	Magdeburg
70	7,1	.	.	.	.	109	18,0	.	.	.	.	55	5,8	40	5,6	Merseburg
.	.	.	.	.	.	.	.	.	.	.	.	.	.	.	.	Erfurt
.	.	.	.	.	.	.	.	.	.	.	.	.	.	.	.	Schleswig
66	14,0	.	.	.	.	.	.	83	14,6	71	14,7	.	.	.	.	Hannover (m. Osnabr.)
.	.	58	7,9	.	.	.	.	.	.	.	.	60	7,5	.	.	Lüneburg
.	.	.	.	.	.	.	.	.	.	.	.	.	.	.	.	Stade (m. Aurich)
.	.	.	.	.	.	.	.	.	.	.	.	.	.	.	.	Minden (m. Münster)
.	.	.	.	.	.	.	.	.	.	.	.	.	.	.	.	Kassel
.	.	.	.	.	.	.	.	.	.	.	.	.	.	.	.	Düsseldorf
.	.	.	.	.	.	.	.	.	.	.	.	.	.	.	.	Aachen
262	43,1	277	41,9	252	28,2	334	43,3	262	29,4	146	24,1	222	20,9	76	13,6	
66	10,8	55	8,4	126	14,1	111	14,4	87	9,8	73	12,1	56	5,2	38	6,8	

Tafel

Zusammen-

der in den Abtriebsschlägen verschiedenen Alters je Fest-

Holzart: Fichte.

Laufende Nummer	Regierungsbezirk	Bodenklasse I						Bodenklasse I/II				Boden-					
		Altersklasse						Altersklassen				Alters-					
		81/100		61/80		41/60		101/120		61/80		über 120		101/120		81/100	
		Alter	Preis	Alter	Preis	Alter	Preis	Alter	Preis	Alter	Preis	Alter	Preis	Alter	Preis	Alter	Preis
1	2	3						4				5					
1	Königsberg (mit Marienw.)	.	.	.	.	.	.	.	.	.	.	.	.	.	.	.	.
2	Gumbinnen . . .	.	.	.	.	47	16,2	.	.	.	.	.	.	.	.	95	8,0
3	Allenstein	.	.	.	.	.	.	.	.	.	.	.	.	.	.	.	.
4	Breslau (mit Liegnitz)	.				.	.	.	.	.	.	.	.	102	29,7	.	.
5	Merseburg	.	.	.	.	.	.	115	39,2	.	.	.	.	.	.	.	.
6	Erfurt	.	.	.	.	.	.	.	.	.	.	128	26,0	.	.	98	22,7
7	Hannover (m. Osnabr.)	.	.	.	.	.	.	.	.	.	.	.	.	.	.	86	26,8
8	Hildesheim	.	.	.	.	.	.	.	.	.	.	126	26,3	108	26,1	90	27,1
9	Stade (mit Aurich)	.	.	.	.	.	.	.	.	.	.	.	.	.	.	.	.
10	Minden (m. Münster)	.	.	.	.	.	.	.	.	77	29,8	.	.	.	.	84	29,1
11	Arnsberg	89	31,2	.	.	.	.	.	.	.	.	.	.	.	.	88	27,0
12	Kassel	.	.	.	.	.	.	.	.	.	.	.	.	.	.	.	.
13	Wiesbaden	.	.	78	27,0	.	.	.	.	70	23,1	.	.	.	.	.	.
14	Koblenz	.	.	.	.	.	.	.	.	.	.	.	.	.	.	.	.
15	Trier	.	.	.	.	60	27,8	.	.	.	.	.	.	.	.	.	.
16	Aachen	.	.	.	.	.	.	.	.	.	.	.	.	.	.	.	.
	Zusammen	89	31,2	78	27,0	107	44,0	115	39,2	147	52,9	254	52,3	210	55,8	541	140,7
	Arithm. Mittel	89	31,2	78	27,0	54	22,0	115	39,2	74	26,5	127	26,2	105	27,9	90	23,5

Laufende Nummer	Regierungsbezirk	Bodenklasse III												Boden-					
		Altersklassen												Alters-					
		über 120		101/120		81/100		61/80		41/60		21/40		über 120		101/120		81/100	
		Alter	Preis	Alter	Preis	Alter	Preis	Alter	Preis	Alter	Preis	Alter	Preis	Alter	Preis	Alter	Preis	Alter	Preis
		7												8					
1	Königsberg (mit Marienw.)	.	.	.	.	.	.	.	.	.	.	.	.	.	.	.	.	.	.
2	Gumbinnen	.	.	112	21,3	.	.	.	.	.	.	.	.	.	.	.	.	.	.
3	Allenstein	.	.	.	.	.	.	.	.	.	.	.	.	130	20,9	.	.	.	.
4	Breslau (mit Liegnitz) .	.	.	.	.	.	.	.	.	.	.	.	.	.	.	.	.	.	.
5	Merseburg	.	.	105	29,0	89	24,5	.	.	.	.	34	12,6	.	.	.	.	.	.
6	Erfurt	131	26,8	109	25,3	.	.	70	14,3	.	.	.	.	131	23,9	106	26,5	.	.
7	Hannover (mit Osnabr.)	.	.	.	.	.	.	.	.	60	18,0	.	.	.	.	.	.	93	27,8
8	Hildesheim	133	25,3	110	24,6	95	22,8	.	.	.	.	.	.	131	27,0	108	24,2	91	23,9
9	Stade (mit Aurich) . .	.	.	.	.	.	.	.	.	58	21,9	.	.	.	.	.	.	.	.
10	Minden (mit Münster) .	.	.	.	.	89	23,4	.	.	51	18,5	.	.	.	.	104	16,3	.	.
11	Arnsberg	.	.	.	.	.	.	.	.	.	.	.	.	.	.	.	.	.	.
12	Kassel	.	.	.	.	84	19,7	.	.	.	.	.	.	.	.	.	.	.	.
13	Wiesbaden	.	.	.	.	.	.	77	20,3	.	.	.	.	.	.	.	.	.	.
14	Koblenz	.	.	.	.	.	.	.	.	.	.	.	.	.	.	.	.	.	.
15	Trier	.	.	101	29,7	.	.	73	25,0	.	.	.	.	.	.	.	.	.	.
16	Aachen	.	.	.	.	.	.	72	25,2	.	.	.	.	.	.	.	.	.	.
	Zusammen	264	52,1	537	129,9	357	90,4	292	84,8	169	58,4	34	12,6	392	71,8	318	67,0	184	51,7
	Arithm. Mittel	132	26,1	107	26,0	89	22,6	73	21,2	56	19,5	34	12,6	131	23,9	106	22,3	92	25,9

9 d.

stellung

meter Derbholz erzielten erntekostenfreien Verkaufserlöse.

Forstwirtschaftsjahr: 1925.

klasse II				Bodenklasse II/III												Regierungsbezirk
klassen				Altersklassen												
61/80		41/60		über 120		101/120		81/100		61/80		41/60		21/40		
Alter	Preis	Alter	Preis	Alter	Preis	Alter	Preis	Alter	Preis	Alter	Preis	Alter	Preis	Alter	Preis	
5				6												
.	.	.	.	.	.	.	.	93	16,9	.	.	.	.	.	.	Königsberg (mit Marienw.)
.	.	.	.	.	.	120	7,8	100	7,6	.	.	60	8,0	.	.	Gumbinnen
.	.	.	.	125	12,1	.	.	.	.	.	.	.	.	.	.	Allenstein
.	.	.	.	125	29,0	105	27,5	.	.	.	.	.	.	.	.	Breslau (m. Liegnitz)
80	32,2	50	14,0	.	.	106	32,9	.	.	78	23,0	.	.	31	17,4	Merseburg
.	.	.	.	.	.	103	24,9	92	21,3	.	.	.	.	.	.	Erfurt
.	.	.	.	.	.	.	.	.	.	.	.	.	.	.	.	Hannover (m. Osnabr.)
67	25,7	60	22,3	121	24,2	108	25,4	93	23,5	75	29,9	.	.	.	.	Hildesheim
.	.	.	.	.	.	.	.	.	.	.	.	.	.	.	.	Stade (mit Aurich)
80	26,4	.	.	.	.	.	.	95	34,0	79	27,2	.	.	.	.	Minden (m. Münster)
.	.	.	.	.	.	.	.	.	.	.	.	54	19,8	.	.	Arnsberg
.	.	.	.	.	.	.	.	.	.	.	.	.	.	.	.	Kassel
.	.	.	.	.	.	.	.	.	.	.	.	.	.	.	.	Wiesbaden
67	30,0	.	.	.	.	.	.	.	.	.	.	.	.	.	.	Koblenz
.	.	.	.	.	.	.	.	.	.	.	.	.	.	.	.	Trier
.	.	.	.	.	.	.	.	.	.	.	.	.	.	.	.	Aachen
294	114,3	110	36,3	371	65,3	542	118,5	473	103,3	232	80,1	114	27,8	31	17,4	
74	28,6	55	18,2	124	21,8	108	23,7	95	20,7	77	26,7	57	13,9	31	17,4	

klasse III/IV				Bodenklasse IV						Bodenklasse IV/V				Bodenklasse V		Regierungsbezirk
klassen				Altersklassen						Altersklassen				Altersklassen		
61/80		41/60		über 120		101/120		81/100		101/120		81/100		101/120		
Alter	Preis	Alter	Preis	Alter	Preis	Alter	Preis	Alter	Preis	Alter	Preis	Alter	Preis	Alter	Preis	
8				9						10				11		
.	.	.	.	.	.	.	.	.	.	.	.	.	.	.	.	Königsberg (m. Marienw.)
.	.	.	.	.	.	.	.	.	.	.	.	.	.	.	.	Gumbinnen
.	.	.	.	.	.	.	.	.	.	.	.	.	.	.	.	Allenstein
.	.	.	.	.	.	.	.	.	.	.	.	.	.	.	.	Breslau (mit Liegnitz)
.	.	.	.	.	.	.	.	86	28,5	.	.	.	.	.	.	Merseburg
.	.	47	17,5	130	17,5	104	25,2	.	.	112	17,8	.	.	.	.	Erfurt
.	.	.	.	.	.	.	.	.	.	.	.	.	.	.	.	Hannover (m. Osnabr.)
.	.	.	.	130	20,0	117	22,8	92	19,2	.	.	90	23,1	115	15,5	Hildesheim
.	.	.	.	.	.	.	.	.	.	.	.	.	.	.	.	Stade (mit Aurich)
65	27,1	.	.	.	.	.	.	87	16,0	.	.	.	.	.	.	Minden (mit Münster)
.	.	.	.	.	.	.	.	.	.	.	.	.	.	.	.	Arnsberg
.	.	.	.	.	.	.	.	.	.	.	.	.	.	.	.	Kassel
.	.	.	.	.	.	.	.	.	.	.	.	.	.	.	.	Wiesbaden
.	.	.	.	.	.	.	.	.	.	.	.	.	.	.	.	Koblenz
.	.	.	.	.	.	.	.	.	.	.	.	.	.	.	.	Trier
.	.	.	.	.	.	.	.	93	24,8	.	.	.	.	.	.	Aachen
65	27,1	47	17,5	260	37,5	221	48,0	358	88,5	112	17,8	90	23,1	115	15,5	
65	27,1	47	17,5	130	18,8	111	24,0	90	22,1	112	17,8	90	23,1	115	15,5	

Tafel 11 b.

Zusammenstellung der in Preußen in den Rechnungsjahren 1924 und 1925 ausgegebenen Jagdscheine.

Lfd. Nr.	Provinz	Jahres- Jagdscheine	Tages- Jagdscheine	Ausländer- Jahres- Jagdscheine	Ausländer- Tages- Jagdscheine	Doppelausfertigungen	unentgeltliche Jagdscheine	Zusammen Jahres- und unentgeltl. Jagdscheine	Zusammen Tages- Jagdscheine	Lfd. Nr.
1	2	3	4	5	6	7	8	9	10	
	Im Rechnungsjahre 1924.									
1	Ostpreußen	10 072	854	2	.	90	946	11 020	854	1
2	Grenzmark Posen-Westpreußen	2 866	180	2	2	23	341	3 209	182	2
3	Brandenburg einschl. Stadtbezirk Berlin	20 360	2 590	5	3	105	1 603	21 968	2 593	3
4	Pommern	10 396	1 328	5	2	63	1 084	11 485	1 330	4
5	Niederschlesien	12 374	1 400	5	7	85	961	13 340	1 407	5
6	Oberschlesien	3 735	484	25	14	41	253	4 013	498	6
7	Sachsen	23 190	5 581	1	1	108	742	23 933	5 582	7
8	Hannover	24 562	3 804	9	2	122	1 066	25 637	3 806	8
9	Schleswig-Holstein	11 566	1 098	5	5	68	164	11 735	1 103	9
10	Westfalen	15 085	1 220	7	3	68	542	15 634	1 223	10
11	Hessen-Nassau	8 795	526	4	3	32	1 331	10 130	529	11
12	Rheinprovinz	25 332	502	47	61	107	969	26 348	563	12
13	Hohenzollernsche Lande	543	28	.	1	.	73	616	29	13
	1924 im ganzen	168 876	19 595	117	104	912	10 075	179 068	19 699	
	Im Rechnungsjahre 1925.									
1	Ostpreußen	12 079	2 178	1	2	91	493	12 573	2 180	1
2	Grenzmark Posen-Westpreußen	2 586	214	.	.	14	209	2 795	214	2
3	Brandenburg einschl. Stadtbezirk Berlin	19 889	3 678	9	3	138	527	20 425	3 681	3
4	Pommern	10 539	2 014	7	1	83	724	11 270	2 015	4
5	Niederschlesien	12 208	1 807	4	7	73	432	12 644	1 814	5
6	Oberschlesien	3 949	608	26	6	30	113	4 088	614	6
7	Sachsen	23 024	7 006	2	2	142	455	23 481	7 008	7
8	Hannover	25 270	5 118	12	7	141	626	25 908	5 125	8
9	Schleswig-Holstein	13 874	2 057	6	5	65	108	13 988	2 062	9
10	Westfalen	15 672	1 748	9	8	78	404	16 085	1 756	10
11	Hessen-Nassau	8 494	782	2	2	39	399	8 895	784	11
12	Rheinprovinz	23 969	1 087	58	92	100	488	24 515	1 179	12
13	Hohenzollernsche Lande	509	22	.	.	1	48	557	22	13
	1925 im ganzen	172 062	28 319	136	135	995	5 026	177 224	28 454	

Zusammenstellung der in Preußen in den Rechnungsjahren 1913 bis 1925 ausgegebenen Jagdscheine.

Lfd. Nr.	Rechnungsjahr	Jahres- Jagdscheine	Tages- Jagdscheine	Ausländer- Jahres- Jagdscheine	Ausländer- Tages- Jagdscheine	Doppelausfertigungen	unentgeltliche Jagdscheine	Zusammen Jahres- und unentgeltl. Jagdscheine	Zusammen Tages- Jagdscheine	Lfd. Nr.
1	2	3	4	5	6	7	8	9	10	
1	1913	157 214	24 321	206	385	1 158	15 048	172 468	24 706	1
2	1914	110 359	15 639	62	60	847	11 803	122 224	15 699	2
3	1915	105 632	18 785	67	57	623	11 881	117 580	18 842	3
4	1916	117 710	17 516	68	45	650	11 808	129 586	17 561	4
5	1917	122 832	13 976	65	48	644	11 296	134 193	14 024	5
6	1918	168 957	10 324	90	46	931	12 833	181 880	10 370	6
7	1919	182 764	8 056	194	49	1 219	12 623	195 581	8 105	7
8	1920	211 791	8 129	330	156	1 144	12 774	224 895	8 285	8
9	1921	217 612	11 757	515	170	1 178	12 645	230 772	11 927	9
10	1922	258 222	7 387	1 106	211	1 080	12 403	271 731	7 598	10
11	1923	235 191	6 797	1 272	101	740	11 959	248 422	6 898	11
12	1924	168 876	19 595	117	104	912	10 075	179 068	19 699	12
13	1925	172 062	28 319	136	135	995	5 026	177 224	28 454	13

Tafel 18b.

Zusammenstellung der in den Staatsforsten beim Forst- und Jagdschutze vorgekommenen Tötungen und Verwundungen in den Forstwirtschaftsjahren 1914 bis 1926.

Jahr	Forstbeamte wurden durch Wilddiebe und Forstfrevler				Bei der Ausübung des Forst- und Jagdschutzes in den staatlichen Forsten wurden außerdem Personen, die nicht dem zum Waffengebrauche berechtigten Forstschutzpersonale angehörten,				Vom Forstschutzpersonale wurden durch Wilddiebe und Forstfrevler im ganzen				Wilddiebe und Forstfrevler wurden durch Forstbeamte bei gerechtfertigtem Waffengebrauch			
	getötet	verwundet		Summe der Fälle	getötet	verwundet		Summe der Fälle	getötet	verwundet		Summe der Fälle	getötet	verwundet		Summe der Fälle
		schwer	leicht			schwer	leicht			schwer	leicht			schwer	leicht	
1	2	3	4	5	6	7	8	9	10	11	12	13	14	15	16	17
1914	2	.	.	2	.	1	.	1	2	1	.	3	1	.	1	2
1915	.	.	.	.	.	.	.	.	.	.	.	.	1	.	.	1
1916	2	2	3	7	.	.	.	.	2	2	3	7	2	.	1	3
1917	1	1	.	2	.	1	.	1	1	2	.	3	3	1	1	5
1918	3	1	1	5	1	.	.	1	4	1	1	6	2	1	.	3
1919	14	2	1	17	1	.	.	1	15	2	1	18	17	2	6	25
1920	4	.	.	4	1	.	.	1	5	.	.	5	5	5	2	12
1921	3	1	.	4	.	.	.	.	3	1	.	4	5	.	1	6
1922	1	.	.	1	.	.	.	.	1	.	.	1	1	.	.	1
1923	.	2	.	2	.	.	.	.	.	2	.	2	4	.	1	5
1924	1	2	.	3	.	.	.	.	1	2	.	3	6	.	1	7
1925	.	.	.	.	.	.	.	.	.	.	.	.	.	1	1	2
1926	2	.	.	2	1	.	.	1	3	.	.	3	1	2	1	4

Jahr	Wilddiebe und Forstfrevler wurden durch Forstbeamte bei ungerechtfertigtem Waffengebrauch				Wilddiebe und Forstfrevler wurden durch Personen, die mit Ausübung des Forst- und Jagdschutzes in den staatlichen Forsten betraut waren, aber nicht dem zum Waffengebrauch berechtigten Forstschutzpersonale angehörten,								Wilddiebe und Forstfrevler wurden im ganzen			
					in der Notwehr				ungerechtfertigt							
	getötet	verwundet		Summe der Fälle	getötet	verwundet		Summe der Fälle	getötet	verwundet		Summe der Fälle	getötet	verwundet		Summe der Fälle
		schwer	leicht			schwer	leicht			schwer	leicht			schwer	leicht	
	18	19	20	21	22	23	24	25	26	27	28	29	30	31	32	33
1914	.	.	.	.	.	.	.	.	.	.	.	.	1	.	1	2
1915	.	.	.	.	.	.	.	.	.	.	.	.	1	.	.	1
1916	.	.	.	.	1	.	.	1	.	.	.	.	3	.	1	4
1917	.	.	.	.	.	.	.	.	.	.	.	.	3	1	1	5
1918	.	.	.	.	.	.	.	.	.	.	.	.	2	1	.	3
1919	.	.	.	.	.	.	.	.	.	.	.	.	17	2	6	25
1920	.	.	.	.	.	.	.	.	.	.	.	.	5	5	2	12
1921	.	.	.	.	.	.	.	.	.	.	.	.	5	.	1	6
1922	.	.	.	.	.	.	.	.	.	.	.	.	1	.	.	1
1923	.	.	.	.	.	.	.	.	.	.	.	.	4	.	1	5
1924	.	.	.	.	.	.	.	.	.	.	.	.	6	.	1	7
1925	.	.	.	.	.	.	.	.	.	.	.	.	.	1	1	2
1926	.	.	.	.	.	.	.	.	.	.	.	.	1	2	1	4

Nachweisung der Forst-, Jagd- und Fischereifrevel

Laufende Nummer	Regierungsbezirk	Zahl der zur Anzeige gebrachten											
		Diebstähle an aufgearbeitetem Holze		Vergehen gegen das Forstdiebstahlsgesetz		Forstpolizeiübertretungen		Jagdvergehen und -übertretungen		Fischereivergehen		Fälle der Widersetzlichkeit gegen Forstbeamte	
		im ganzen	für 100 ha der Gesamtfläche	im ganzen	für 100 ha der Gesamtfläche	im ganzen	für 100 ha der Gesamtfläche	im ganzen	für 100 ha der Gesamtfläche	im ganzen	für 100 ha der Gesamtfläche	im ganzen	für 100 ha der Gesamtfläche
1	2	3	4	5	6	7	8	9	10	11	12	13	14
1	Königsberg (mit Marienwerder)	139	0,11	960	0,76	665	0,53	11	0,01	7	0,01	6	.
2	Gumbinnen	208	0,15	695	0,50	486	0,35	11	0,01	27	0,02	9	0,01
3	Allenstein	188	0,08	1 332	0,56	897	0,38	14	0,01	31	0,01	9	.
4	Schneidemühl	38	0,03	617	0,49	443	0,35	10	0,01	12	0,01	4	.
5	Potsdam	79	0,04	3 175	1,48	533	0,25	27	0,01	64	0,03	8	.
6	Frankfurt a. O.	60	0,03	996	0,47	406	0,19	17	0,01	24	0,01	8	.
7	Stettin	76	0,06	3 114	2,56	649	0,53	22	0,02	2	.	6	.
8	Köslin	36	0,04	257	0,25	434	0,42	8	0,01	6	0,01	.	.
9	Stralsund	17	0,01	309	1,07	64	0,22	11	.	2	.	4	.
10	Breslau (mit Liegnitz)	47	0,06	853	1,12	174	0,23	3	.	15	0,02	8	0,01
11	Oppeln	66	0,09	2 151	2,96	251	0,35	12	0,02	1	.	14	0,02
12	Magdeburg	26	0,04	1 680	2,50	229	0,34	15	0,02	7	0,01	5	0,01
13	Merseburg	76	0,10	1 778	2,32	460	0,60	21	0,03	.	.	7	0,01
14	Erfurt	56	0,14	661	1,62	577	1,42	6	0,01	.	.	8	0,01
15	Schleswig	13	0,04	155	0,51	33	0,11	.	.	.	.	1	.
16	Hannover (mit Osnabrück)	23	0,06	364	0,94	59	0,15	6	0,02	.	.	3	0,01
17	Hildesheim	45	0,04	805	0,77	118	0,11	11	0,01	2	.	7	0,01
18	Lüneburg	19	0,02	221	0,27	46	0,06	3	.	2	.	2	.
19	Stade (mit Aurich)	20	0,09	84	0,36	16	0,07	4	0,02	.	.	3	0,01
20	Minden (mit Münster)	18	0,05	247	0,68	368	1,02	6	0,02	1	.	2	.
21	Arnsberg	13	0,05	115	0,45	146	0,57	4	0,02	2	0,01	.	.
22	Kassel	139	0,07	2 990	1,46	443	0,22	28	0,01	15	0,01	10	0,01
23	Wiesbaden	69	0,13	870	1,62	266	0,50	13	0,02	23	0,04	5	0,01
24	Koblenz	7	0,02	231	0,73	71	0,22	2	0,01	.	.	1	.
25	Düsseldorf	13	0,07	356	2,00	19	0,11	4	0,02	13	0,07	3	0,02
26	Köln	21	0,14	411	2,83	10	0,07	4	0,03	.	.	5	0,03
27	Trier	3	0,01	99	0,22	25	0,05	1	.	.	.	2	0,01
28	Aachen	14	0,05	262	1,02	53	0,21	1	.	1	.	5	0,02
		1 529	0,06	25 788	1,08	7 941	0,33	275	0,01	257	0,01	145	0,01

in den Staatsforsten im Kalenderjahre 1924.

Zahl der zur Verurteilung gelangten												Zahl der Bestrafungen wegen Waldbrandstiftung	Bemerkungen
Diebstähle an aufgearbeitetem Holze		Vergehen gegen das Forstdiebstahlsgesetz		Forstpolizeiübertretungen		Jagdvergehen und -übertretungen		Fischereivergehen		Fälle der Widersetzlichkeit gegen Forstbeamte			
im ganzen	für 100 ha der Gesamtfläche	im ganzen	für 100 ha der Gesamtfläche	im ganzen	für 100 ha der Gesamtfläche	im ganzen	für 100 ha der Gesamtfläche	im ganzen	für 100 ha der Gesamtfläche	im ganzen	für 100 ha der Gesamtfläche		
15	16	17	18	19	20	21	22	23	24	25	26	27	28
127	0,10	927	0,74	427	0,34	10	0,01	23	0,02	3	.	.	
192	0,14	637	0,46	466	0,34	7	0,01	26	0,02	7	0,01	.	
157	0,07	1 228	0,52	859	0,36	12	0,01	28	0,01	8	.	.	
32	0,03	554	0,44	440	0,35	8	0,01	11	0,01	4	.	.	
79	0,04	2 981	1,39	513	0,24	25	0,01	63	0,03	8	.	.	
54	0,03	930	0,44	380	0,18	16	0,01	24	0,01	7	.	1	
75	0,06	2 867	2,36	631	0,52	17	0,01	2	.	5	.	.	
26	0,03	246	0,24	414	0,40	8	0,01	5	0,01	.	.	.	
11	.	267	1,00	63	0,22	11	.	1	.	3	.	.	
44	0,06	825	1,09	168	0,22	7	0,01	15	0,02	8	0,01	.	
65	0,09	2 299	3,16	247	0,34	9	0,01	1	.	11	0,02	.	
25	0,04	1 605	2,39	229	0,34	16	0,02	7	0,01	6	0,01	.	
56	0,07	1 371	1,79	368	0,48	21	0,03	.	.	7	0,01	1	
42	0,10	587	1,44	550	1,35	5	0,01	.	.	5	0,01	.	
9	0,03	171	0,56	28	0,09	.	.	.	.	1	.	.	
22	0,06	528	1,37	31	0,08	6	0,02	.	.	1	.	.	Der Unterschied zwischen Sp. 5 u. 17 erklärt sich aus Restfällen aus dem abgelaufenen Jahre.
34	0,03	814	0,78	110	0,11	10	0,01	.	.	6	0,01	.	
18	0,02	210	0,26	19	0,02	1	.	2	.	1	.	.	
9	0,04	63	0,27	15	0,06	3	0,01	.	.	1	.	.	
17	0,05	237	0,66	362	1,00	5	0,01	.	.	1	.	.	
5	0,02	84	0,33	96	0,37	2	0,01	1	.	.	.	.	
117	0,06	2 975	1,45	433	0,21	24	0,01	14	0,01	9	.	.	
56	0,10	1 098	2,05	239	0,45	11	0,02	11	0,02	1	.	.	
2	0,01	190	0,60	69	0,22	2	0,01	.	.	.	.	1	
16	0,09	320	1,80	13	0,07	3	0,02	10	0,06	2	0,01	.	
20	0,14	386	2,66	7	0,05	4	0,03	.	.	4	0,03	.	
2	0,01	64	0,14	19	0,04	1	.	.	.	.	.	.	
1	.	326	1,27	42	0,16	.	.	.	.	2	0,01	.	
1313	0,05	24 790	1,04	7 238	0,30	244	0,01	244	0,01	111	—	3	

Tafel

Nachweisung der Forst-, Jagd- und

Laufende Nummer	Regierungsbezirk	Zahl der zur Anzeige gebrachten											
		Diebstähle an aufgearbeitetem Holze		Vergehen gegen das Forstdiebstahlsgesetz		Forstpolizeiübertretungen		Jagdvergehen und -übertretungen		Fischereivergehen		Fälle der Widersetzlichkeit gegen Forstbeamte	
		im ganzen	für 100 ha der Gesamtfläche	im ganzen	für 100 ha der Gesamtfläche	im ganzen	für 100 ha der Gesamtfläche	im ganzen	für 100 ha der Gesamtfläche	im ganzen	für 100 ha der Gesamtfläche	im ganzen	für 100 ha der Gesamtfläche
1	2	3	4	5	6	7	8	9	10	11	12	13	14
1	Königsberg (mit Marienwerder)	109	0,08	562	0,41	390	0,28	7	0,01	13	0,01	1	.
2	Gumbinnen	142	0,10	405	0,29	148	0,11	28	0,02	23	0,02	3	.
3	Allenstein	95	0,04	801	0,33	690	0,29	20	0,01	45	0,02	17	0,01
4	Schneidemühl	26	0,02	193	0,15	267	0,21	12	0,01	16	0,01	3	.
5	Potsdam	44	0,02	1 108	0,52	610	0,28	23	0,01	30	0,01	3	.
6	Frankfurt a. O.	35	0,02	407	0,13	425	0,19	11	.	26	0,01	2	.
7	Stettin	52	0,04	1 170	0,96	596	0,49	33	0,03	7	0,01	6	.
8	Köslin	30	0,03	165	0,16	191	0,19	20	0,02	14	0,01	2	.
9	Stralsund	12	0,04	61	0,21	141	0,49	5	0,02	.	.	1	.
10	Breslau (mit Liegnitz)	31	0,04	315	0,41	56	0,07	9	0,01	5	0,01	5	0,01
11	Oppeln	22	0,03	978	1,35	216	0,30	6	0,01	.	.	10	0,01
12	Magdeburg	18	0,03	376	0,56	205	0,31	9	0,01	26	0,04	1	.
13	Merseburg	53	0,07	462	0,60	227	0,30	22	0,03	2	.	5	0,01
14	Erfurt	20	0,05	360	0,89	265	0,65	20	0,05	4	0,01	3	0,01
15	Schleswig	5	0,02	66	0,22	35	0,11	4	0,01	.	.	.	.
16	Hannover (mit Osnabrück)	3	0,01	123	0,32	104	0,27	3	0,01	.	.	.	.
17	Hildesheim	22	0,02	499	0,48	111	0,11	6	.	.	.	2	.
18	Lüneburg	5	0,01	92	0,11	94	0,11	6	0,01	.	.	.	.
19	Stade (mit Aurich)	17	0,07	22	0,10	17	0,07	2	0,01	.	.	.	.
20	Minden (mit Münster)	20	0,06	122	0,34	214	0,59	13	0,04	.	.	1	.
21	Arnsberg	5	0,02	56	0,22	185	0,72	3	0,01	.	.	1	.
22	Kassel	37	0,02	1 012	0,49	412	0,20	19	0,01	11	0,01	5	.
23	Wiesbaden	39	0,07	251	0,47	435	0,81	12	0,02	40	0,07	.	.
24	Koblenz	5	0,02	149	0,47	85	0,27	6	0,02	.	.	.	.
25	Düsseldorf	6	0,03	97	0,55	34	0,19	5	0,03	32	0,18	.	.
26	Köln	18	0,12	215	1,48	26	0,18	9	0,06	.	.	6	0,04
27	Trier	25	0,06	284	0,63	126	0,28	9	0,02	.	.	6	0,01
28	Aachen	13	0,05	127	0,50	86	0,34	5	0,02	1	.	8	0,01
	Zusammen	909	0,04	10 478	0,44	6 391	0,27	327	0,01	295	0,01	86	

Fischereifrevel im Kalenderjahre 1925.

Zahl der zur Verurteilung gelangten												Zahl der Bestrafungen wegen Waldbrandstiftung	Bemerkungen
Diebstähle an aufgearbeitetem Holze		Vergehen gegen das Forstdiebstahlsgesetz		Forstpolizeiübertretungen		Jagdvergehen und -übertretungen		Fischereivergehen		Fälle der Widersetzlichkeit gegen Forstbeamte			
im ganzen	für 100 ha der Gesamtfläche	im ganzen	für 100 ha der Gesamtfläche	im ganzen	für 100 ha der Gesamtfläche	im ganzen	für 100 ha der Gesamtfläche	im ganzen	für 100 ha der Gesamtfläche	im ganzen	für 100 ha der Gesamtfläche		
15	16	17	18	19	20	21	22	23	24	25	26	27	28
92	0,07	523	0,38	375	0,27	4	.	13	0,01	1	.	.	
108	0,08	364	0,26	122	0,09	21	0,02	16	0,01	3	.	1	
84	0,03	743	0,31	684	0,29	12	0,01	41	0,02	16	0,01	1	
22	0,02	184	0,14	257	0,20	9	0,01	15	0,01	1	.	1	
38	0,02	1 324	0,62	590	0,28	19	0,01	30	0,01	2	.	1	
22	0,01	371	0,17	373	0,17	10	.	26	0,01	3	.	1	
46	0,04	1 267	1,04	575	0,47	27	0,02	7	0,01	3	.	.	
22	0,02	150	0,15	185	0,18	7	0,01	13	0,01	1	.	.	
11	0,04	57	0,20	141	0,49	5	0,02	.	.	1	.	.	
25	0,03	300	0,39	55	0,07	5	0,01	5	0,01	6	0,01	.	
17	0,02	999	1,37	211	0,29	5	0,01	.	.	7	0,01	.	
20	0,03	371	0,55	189	0,28	8	0,01	23	0,03	1	.	.	
34	0,04	430	0,56	223	0,29	16	0,02	2	.	4	0,01	.	
16	0,04	349	0,85	264	0,60	8	0,02	4	0,01	1	.	.	
5	0,02	57	0,19	32	0,10	4	0,01	.	.	.	.	.	
2	0,01	118	0,31	100	0,26	3	0,01	.	.	1	.	.	
15	0,01	467	0,45	89	0,09	9	0,01	.	.	1	.	.	
4	.	87	0,11	68	0,08	3	.	.	.	1	.	.	
6	0,03	14	0,06	5	0,02	.	.	.	.	.	.	.	
14	0,04	113	0,31	198	0,55	9	0,03	.	.	1	.	.	
6	0,02	46	0,18	118	0,46	4	0,02	.	.	1	.	.	
30	0,01	975	0,48	386	0,19	16	0,01	8	.	5	.	.	
30	0,06	242	0,45	405	0,76	9	0,02	28	0,05	.	.	.	
4	0,01	142	0,45	84	0,26	3	0,01	.	.	.	.	.	
5	0,03	82	0,46	23	0,13	5	0,03	30	0,17	.	.	.	
15	0,10	198	1,36	24	0,17	5	0,03	.	.	6	0,04	1	
7	0,02	245	0,55	108	0,24	8	0,02	.	.	4	0,01	.	
8	0,03	123	0,48	80	0,31	2	.	.	.	2	.	.	
708	0,03	10 341	0,43	5 964	0,25	236	0,01	261	0,01	72	.	6	

Tafel

Nachweisung über den Wildabschuß und die Erträge aus

Laufende Nummer	Regierungsbezirk	Elchwild Hirsche	Elchwild Mutterwild	Elchwild Kälber	Elchdecken eingegangener Stücke	Rotwild Hirsche	Rotwild Mutterwild	Rotwild Kälber	Damwild Hirsche	Damwild Mutterwild	Damwild Kälber	Rehe Böcke	Rehe Ricken	Rehe Kälber	Sauen	Auerwild	Birkwild	Fasanen	Haselwild	Dachse	Füchse	Hasen	Rebhühner	Moorhühner
		Durch Verwaltungsbeschuß (Die schrägen Zahlen geben das Fall-																						
1	2	3	4	5	6	7	8	9	10	11	12	13	14	15	16	17	18	19	20	21	22	23	24	25
1	Königsberg (m. Marienwerd.)	1	1	.	.	10	13	11	16	21	13	89	23	.	20	.	5	2	2	21	116	1539	24	.
		1	*1*			*5*	*2*	*1*	*3*	*9*		*32*	*84*	*23*	*3*							*30*		
2	Gumbinnen	.	.	.	5	51	69	59	4	1	3	55	10	1	29	1	10	.	6	31	85	411	8	.
		3	*5*	*6*		*16*	*6*	*3*				*19*	*68*	*46*	*2*					*1*		*12*		
3	Allenstein	.	.	.	.	18	21	13	.	1	.	119	61	5	11	.	8	.	9	22	148	2354	66	.
						4	*14*	*9*				*30*	*96*	*29*	*3*							*23*		
4	Schneidemühl	.	.	.	.	30	77	32	1	1	.	160	133	4	38	4	6	3	.	8	111	3671	36	2
						17	*5*	*9*				*12*	*10*	*9*	*2*							*16*		
5	Potsdam	.	.	.	.	50	104	55	67	164	107	238	243	20	140	.	1	2	.	4	71	3731	106	.
						17	*17*	*1*	*7*	*8*	*1*	*17*	*20*	*9*	*3*							*7*	*1*	
6	Frankfurt a. O.	.	.	.	.	66	64	35	9	3	1	331	272	57	185	3	3	9	.	4	56	3999	49	.
						8	*3*	*2*				*8*	*25*	*6*	*12*							*1*		
7	Stettin	.	.	.	.	47	113	64	6	4	6	271	232	44	148	.	.	.	.	12	48	1493	48	.
						6	*5*	*3*		*3*		*18*	*28*	*6*	*3*							*4*		
8	Köslin	.	.	.	.	41	80	22	.	1	.	124	111	27	94	6	1	.	.	15	172	2208	28	.
						12	*5*	*3*				*17*	*23*	*1*	*2*							*4*		
9	Stralsund	.	.	.	.	47	50	42	7	6	3	109	125	54	85	.	.	.	.	.	8	413	.	.
						13	*3*	*4*				*18*	*114*	*51*	*5*									
10	Breslau (mit Liegnitz)	.	.	.	.	18	20	7	6	9	2	139	161	2	6	1	3	24	.	3	51	3215	142	.
						1	*1*	*2*				*13*	*24*	*10*								*5*		
11	Oppeln	.	.	.	.	10	2	3	.	.	.	80	39	.	5	.	10	19	.	.	28	2162	90	.
												2	*8*							*1*		*2*		
12	Magdeburg	.	.	.	.	6	11	2	13	10	7	120	117	45	55	.	.	33	.	2	51	1489	111	.
						1		*1*			*2*	*3*	*19*	*9*	*1*									
13	Merseburg	.	.	.	.	59	74	31	.	2	.	194	224	7	16	8	.	24	.	8	76	2033	140	.
						4	*4*					*11*	*13*	*5*							*2*	*4*		
14	Erfurt	.	.	.	.	7	7	.	.	.	.	28	16	8	.	1	.	.	.	2	23	589	18	.
												2	*4*	*3*								*4*		
15	Schleswig	.	.	.	.	6	17	1	6	14	1	55	142	1	2	.	.	16	.	2	38	1080	2	.
						1			*1*			*8*	*19*	*9*								*1*		
16	Hannover (mit Osnabrück)	.	.	.	.	2	.	.	1	4	1	42	38	.	5	.	.	1	.	1	29	1641	10	.
						1	*1*	*1*				*3*	*2*		*1*						*1*	*2*		
17	Hildesheim	.	.	.	.	122	106	93	.	.	.	105	63	4	34	.	.	.	.	3	50	804	.	.
						8	*4*	*6*				*8*	*24*	*7*	*5*							*1*		
18	Lüneburg	.	.	.	.	29	30	19	.	.	.	181	155	1	38	.	4	2	.	3	37	1424	1	.
							1	*1*				*6*	*14*	*5*	*1*									
19	Stade (mit Aurich)	.	.	.	.	.	.	.	.	.	.	69	59	3	.	.	.	11	.	4	27	983	5	.
												4	*10*	*5*								*1*		
20	Minden (mit Münster)	.	.	.	.	6	11	6	.	.	.	80	40	4	28	.	.	11	1	3	30	1175	5	.
						2	*2*					*8*	*21*	*4*										
21	Arnsberg	.	.	.	.	6	8	2	.	.	.	37	19	1	16	.	1	4	.	1	10	224	5	.
													4	*5*			*1*							
22	Kassel	.	.	.	.	52	61	45	.	.	.	527	445	2	170	6	.	1	1	25	159	3198	16	.
						13	*8*	*2*				*21*	*42*	*8*	*12*					*1*	*1*	*6*		
23	Wiesbaden	.	.	.	.	6	7	4	.	.	.	86	61	5	23	.	.	1	1	.	29	583	.	
						1			*1*	*1*		*2*	*9*	*2*										
24	Koblenz	.	.	.	.	2	10	10	.	.	.	18	11	.	9	.	.	.	1	.	11	243	.	
							1					*1*									*1*			
25	Düsseldorf	.	.	.	.	4	4	.	.	.	.	11	2	.	.	.	.	4	.	.	8	193	18	.
						4	*1*					*2*	*2*											
26	Köln	.	.	.	.	.	.	.	.	.	.	1	.	.	.	.	.	1	.	.	4	105	.	.
												1	*1*											
27	Trier	.	.	.	.	1	1	.	.	.	.	1	2	.	37	.	.	.	1	1	6	78	.	.
						1																*4*		
28	Aachen	.	.	.	.	2	4	1	.	.	.	.	3	4	15	.	.	.	1	.	8	116	2	.
						1	*2*															*1*		
	Zusammen	1	1	.	5	698	964	557	136	241	144	3270	2807	295	1209	30	52	168	23	175	1490	41 154	930	2
		4	*6*	*6*		*136*	*85*	*48*	*12*	*21*	*3*	*266*	*684*	*252*	*55*	*1*	*1*			*3*	*5*	*128*	*1*	

der Jagd im Rechnungsjahre 1924.

sind erlegt: (…wild an) Brachvögel	Enten	Schnepfen	Kaninchen	Wölfe	Fischotter	Marder	Iltisse	Geweihe, Gehörne	Katzen	Muffelböcke	Tauben	Isteinnahme: Für das durch Verwaltungsbeschuß erlegte Wild sind an die Forstkasse gezahlt RM	Rpf	Für verpachtete Jagden sind eingekommen RM	Rpf	Zusammen RM	Rpf	Istausgabe: Für angepachtete Jagden sind verausgabt RM	Rpf	Sonstige Jagdverwaltungskosten RM	Rpf	Zusammen RM	Rpf	Reinertrag (Die schrägen Zahlen bedeuten Zuschuß) RM	Rpf	Laufende Nummer
26	27	28	29	30	31	32	33	34	35	36	37	38		39		40		41		42		43		44		
.	401	480	14	.	1	7	1	.	.	.	.	16 177	50	19 659	59	35 837	09	738	70	8 429	71	9 168	41	26 668	68	1
.	419	267	.	.	1	2	.	.	.	.	.	18 926	45	82	.	19 008	45	5 074	27	9 971	69	15 045	96	3 962	49	2
.	1386	315	.	2	1	9	.	3	2	.	.	18 113	54	982	27	19 095	81	2 491	98	10 106	98	12 598	96	6 496	85	3
.	586	125	1678 *1*	.	.	1	.	8	.	.	.	35 918	11	320	36	36 238	47	2 400	05	10 988	86	13 388	91	22 849	56	4
.	762	247	941	.	.	.	.	.	3	.	.	50 467	22	2 227	96	52 695	18	5 549	03	23 607	03	29 156	06	23 539	12	5
.	323	138	461	.	.	1	.	2	.	.	.	45 561	29	699	42	46 260	71	2 282	75	20 020	92	22 303	67	23 957	04	6
.	.	.	.	.	.	.	.	.	.	.	.	35 522	57	1 021	23	36 543	80	3 099	53	4 801	66	7 901	19	28 642	61	7
5	184	99	216	.	.	1	.	3 *1*	.	.	.	28 572	79	197	18	28 769	97	598	99	7 369	31	7 968	30	20 801	67	8
.	8	19	.	.	.	.	.	.	.	.	.	17 870	20	100	.	17 970	20	.	.	2 375	70	2 375	70	15 594	50	9
.	149	100	.	.	.	1	.	.	.	.	.	25 408	64	4 541	46	29 950	10	2 538	38	8 862	95	11 401	33	18 548	77	10
.	8	241	191	.	.	1	.	.	.	.	5	12 310	45	508	72	12 819	17	231	57	5 756	92	5 988	49	6 830	68	11
.	304	83	218	.	.	.	.	.	.	.	.	16 450	40	3 743	59	20 193	99	1 466	24	4 160	23	5 626	47	14 567	52	12
.	81	66	225	.	.	4	.	.	.	.	.	28 698	12	5 509	55	34 207	67	2 168	14	5 799	69	7 967	83	26 239	84	13
.	.	18	10	.	.	.	.	.	.	.	.	3 935	85	625	46	4 561	31	1 057	43	1 166	43	2 223	86	2 337	45	14
.	2	102	.	.	.	.	.	.	.	.	.	9 662	90	4 369	92	14 032	82	354	70	3 523	14	3 877	84	10 154	98	15
.	7	43	82	.	.	.	.	.	.	.	1	8 642	78	843	36	9 486	14	32	25	5 778	99	5 811	24	3 674	90	16
.	13	14	8	.	.	.	.	.	.	.	.	25 095	84	373	41	25 469	25	365	98	29 423	89	29 789	87	*4 320*	*62*	17
.	132	110	.	.	.	3	.	.	.	2 *3*	.	218 894	73	2 412	05	21 306	78	387	25	5 170	98	5 558	23	15 748	55	18
49	4	25	18	.	.	.	.	.	1	.	3	6 234	55	1 308	30	7 542	85	30	.	2 285	44	2 315	44	5 227	41	19
.	.	.	.	.	.	.	.	.	.	.	.	9 602	25	3 576	41	13 178	66	303	53	2 810	53	3 114	06	10 064	60	20
.	3	11	1	.	.	.	.	.	.	.	.	2 910	30	5 524	16	8 434	46	480	21	560	39	1 040	60	7 393	86	21
3	31	143 *1*	4	.	.	3 *1*	.	23 *2*	.	.	.	43 241	52	9 736	97	52 978	49	8 374	28	14 502	85	22 877	13	30 101	36	22
.	.	92	.	.	.	.	.	.	.	.	.	5 744	34	1 613	54	7 357	88	1 464	93	2 089	50	3 554	43	3 803	45	23
.	.	14	.	.	.	.	.	.	.	.	.	1 761	21	984	94	2 746	15	152	05	467	70	619	75	2 126	40	24
1	26	26	.	.	.	.	.	.	.	.	.	1 297	30	2 351	97	3 649	27	178	02	284	23	462	25	3 187	02	25
.	.	3	.	.	.	.	.	.	.	.	.	511	25	2 413	81	2 925	06	161	28	189	90	351	18	2 573	88	26
.	.	5	.	.	.	.	.	.	.	.	.	1 594	38	1 396	10	2 990	48	1 127	50	788	84	1 916	34	1 074	14	27
.	3	37	6	.	.	.	.	.	.	.	.	2 077	38	1 076	57	3 153	95	.	.	1 310	61	1 310	61	1 843	34	28
58	4832	2823 *1*	4073 *1*	2	3	33 *1*	1	39 *3*	6	2 *3*	9	491 203	86	78 200	30	569 404	16	43 109	04	192 605	07	235 714	11	333 690	05	

Nachweisung über den Wildabschuß und die Erträge aus

Durch Verwaltungsbeschuß
(Die schrägen Zahlen geben das Fall-

Laufende Nummer	Regierungs-bezirk	Elchwild				Rotwild			Damwild			Rehe															
		Hirsche	Mutterwild	Kälber	Elchdecken eingegangener Stücke	Hirsche	Mutterwild	Kälber	Hirsche	Mutterwild	Kälber	Böcke	Ricken	Kälber	Sauen	Auerwild	Birkwild	Fasanen	Haselwild	Dachse	Füchse	Hasen	Rebhühner	Moorhühner	Brachvögel	Gänse	Enten
1	2	3	4	5	6	7	8	9	10	11	12	13	14	15	16	17	18	19	20	21	22	23	24	25	26	27	28
1	Königsberg . .	1	.	.	.	16	30	11	10	24	13	216	126	1	51	.	4	5	7	5	125	2 860	42	.	.	.	721
	(mit Marienwerder)	*4*	*4*	*5*	*7*	*7*	*9*	*3*	*2*		*3*	*25*	*51*	*29*								*3*					
2	Gumbinnen . .	.	.	.	7	82	86	64	4	5	2	170	122	44	63	1	9	.	.	7	144	2 742	5	.	.	.	472
		5	*8*	*11*		*10*	*4*	*7*				*18*	*33*	*28*								*5*					
3	Allenstein . . .	.	.	.	.	18	36	10	1	1	.	295	115	50	52	.	14	1	9	6	204	4 704	33	.	.	.	2361
						8	*2*	*2*				*22*	*18*	*14*	*4*							*5*					
4	Schneidemühl .	.	.	.	.	34	83	35	.	.	1	205	182	3	73	12	8	1	.	.	74	4 007	49	.	.	.	615
						12	*8*	*1*				*20*	*18*	*24*	*3*					*1*		*10*					
5	Potsdam . . .	.	.	.	.	70	151	65	74	179	129	352	398	90	226	.	3	2	.	.	104	5 423	166	.	.	.	1244
						28	*9*	*8*	*10*	*18*	*10*	*17*	*42*	*52*	*13*							*8*					
6	Frankfurt a. O.	.	.	.	.	72	99	36	5	6	1	404	328	86	337	4	6	25	.	.	60	4 642	66	.	.	.	671
						8	*5*					*14*	*15*	*36*	*6*							*6*					
7	Stettin	.	.	.	.	55	132	81	2	12	7	313	218	48	184	.	.	.	.	5	39	2 396	29	.	.	.	518
						18	*7*	*6*	*3*	*1*	*1*	*29*	*73*	*66*	*9*						*1*	*4*					
8	Köslin	.	.	.	.	36	80	24	.	.	.	152	116	25	157	6	2	.	.	.	80	3 279	34	.	.	.	427
						11	*6*	*1*				*15*	*56*	*64*	*2*							*13*					
9	Stralsund . . .	.	.	.	.	55	74	60	1	13	8	106	126	118	101	.	.	3	.	.	.	769	14	.	.	.	10
						9	*8*	*4*	*1*			*18*	*80*	*118*	*6*							*2*					
10	Breslau (m. Liegnitz)	.	.	.	.	19	35	17	9	11	4	151	218	.	11	2	7	57	.	.	32	4 242	91	.	.	.	150
						6	*4*	*1*				*14*	*22*	*13*	*1*					*1*		*22*					
11	Oppeln	.	.	.	.	16	7	.	.	.	.	88	31	1	22	.	12	89	.	3	30	2 469	99	.	.	.	1
						1		*1*				*8*	*5*	*4*								*6*					
12	Magdeburg . .	.	.	.	.	20	18	10	15	20	18	172	147	63	126	1	.	138	.	.	55	3 103	163	.	79	.	142
						2			*4*	*3*		*12*	*30*	*28*	*3*					*1*		*2*					
13	Merseburg . .	.	.	.	.	62	84	42	4	2	.	237	241	1	25	13	.	83	.	2	56	3 124	171	.	.	.	198
						7	*12*	*3*		*2*		*20*	*28*	*22*								*10*					
14	Erfurt	.	.	.	.	.	1	.	.	.	.	42	34	14	.	2	1	.	.	.	8	687	15	.	.	.	.
												7	*7*	*5*								*10*					
15	Schleswig . .	.	.	.	.	3	10	1	6	23	.	85	126	2	1	.	.	29	.	1	25	2 266	17	.	.	.	60
						3	*2*		*2*	*5*		*14*	*14*	*24*								*2*					
16	Hannover (mit Osnabr.)	.	.	.	.	1	5	1	3	6	1	64	100	2	31	.	.	4	.	.	38	1 934	18	.	.	.	42
17	Hildesheim . .	.	.	.	.	166	185	161	.	.	.	158	105	12	63	.	.	.	.	10	53	1 000	8	.	.	.	10
						12	*14*	*23*				*10*	*37*	*24*	*3*					*1*		*9*					
18	Lüneburg . . .	.	.	.	.	31	34	16	1	.	.	199	123	3	72	.	2	19	.	.	41	2 162	8	.	.	.	.
						2	*2*	*2*				*20*	*13*	*15*	*1*												
19	Stade (m. Aurich)	.	.	.	.	.	.	.	.	.	.	55	51	6	.	.	1	9	.	.	20	1 289	24	17	190	.	.
												3	*13*	*3*								*2*					
20	Minden (m. Münster)	.	.	.	.	9	11	13	.	.	.	120	37	3	59	.	.	20	.	.	33	1 669	7	.	.	.	.
						1		*2*				*25*	*64*	*12*	*2*												
21	Arnsberg . . .	.	.	.	.	8	16	6	.	.	.	58	16	1	50	1	2	3	2	.	13	236	8	.	.	.	10
												3	*13*	*8*	*1*							*9*					
22	Kassel	.	.	.	.	70	104	62	.	.	.	632	398	23	374	11	1	1	.	6	202	3 225	23	.	.	.	36
						14	*21*	*15*				*40*	*45*	*22*	*13*	*1*					*1*	*4*					
23	Wiesbaden . .	.	.	.	.	6	11	3	.	.	.	142	45	2	27	.	.	1	.	3	24	780	7	.	.	.	2
						2	*1*	*1*				*6*	*6*	*4*													
24	Koblenz . . .	.	.	.	.	2	3	2	.	.	.	33	1	.	67	.	.	.	.	.	37	396	.	.	.	.	.
							1						*1*	*1*													
25	Düsseldorf . .	.	.	.	.	1	5	3	.	.	.	5	1	.	.	.	.	9	.	.	6	391	30	.	.	6	54
						1	*2*	*1*				*1*		*1*													
26	Köln	.	.	.	.	.	.	.	.	.	.	.	3	.	9	.	.	4	2	.	1	192	36	.	.	.	.
27	Trier	.	.	.	.	16	18	7	.	.	.	21	.	.	161	.	.	.	.	2	19	229	.	.	.	.	.
						3	*1*	*1*				*1*		*2*	*2*												
28	Aachen	.	.	.	.	10	11	.	.	.	.	18	2	.	69	.	.	2	.	.	23	189	.	.	.	.	3
	Zusammen .	1	.	.	7	878	1329	730	135	302	184	4493	3410	598	2411	53	72	505	20	50	1546	60 405	1163	17	269	6	7747
		9	*12*	*16*	*7*	*165*	*118*	*82*	*22*	*29*	*14*	*362*	*684*	*619*	*69*	*1*				*4*	*2*	*132*					

sind erlegt: (…wild an)																Isteinnahme						Istausgabe						Reinertrag (Die schrägen Zahlen bedeuten Zuschuß)		Laufende Nummer
Schnepfen	Kaninchen	Wölfe	Fischotter	Marder	Iltisse	Wildkatzen	Elchgeweihe	Hirschgeweihe	Rehgehörne	Abwurfstangen	Wilddecken	Biber	Wiesel	Muffelböcke	Tauben	Für das durch Verwaltungsbeschuß erlegte Wild sind an die Forstkasse gezahlt		Für verpachtete Jagden sind eingekommen		Zusammen		Für angepachtete Jagden sind verausgabt		Sonstige Jagdverwaltungskosten		Zusammen				
																RM	Rpf	RM	Rpf	RM	Rpf	RM	Rpf	RM	Rpf	RM	Rpf	RM	Rpf	
29	30	31	32	33	34	35	36	37	38	39	40	41	42	43	44	45		46		47		48		49		50		51		
351	33	.	.	7	.	.	.	.	.	.	.	.	.	.	.	28 629	10	19 822	39	48 451	49	949	65	17 498	73	18 448	38	30 003	11	1
244	.	2	1	14	3	.	1	2	1	.	.	.	.	.	.	36 311	81	214	44	36 526	25	5 954	43	26 034	97	31 989	40	4 536	85	2
297	.	1	.	6	.	2	.	.	.	.	.	.	.	.	.	41 663	58	965	82	42 629	40	2 835	48	14 818	04	17 653	52	24 975	88	3
107	2157	.	.	.	.	.	.	4	4	4	1	.	.	.	.	44 417	33	388	21	44 805	54	5 967	12	16 025	36	21 992	48	22 813	06	4
356	950	.	.	1	.	.	.	2	1	.	.	.	.	.	.	81 329	54	5 439	47	86 769	01	5 571	69	33 183	24	38 754	93	48 014	08	5
131	860	.	.	1	.	.	.	.	2	.	.	.	.	.	.	63 837	75	1 177	83	65 015	58	3 309	19	24 556	43	27 865	62	37 149	96	6
225	.	.	.	.	.	.	.	.	.	.	.	.	.	.	.	45 399	95	1 015	39	46 415	34	2 628	43	8 679	70	11 308	13	35 107	21	7
103	341	.	.	.	.	.	.	.	4	.	.	.	.	.	.	37 758	25	307	34	38 065	59	947	26	10 469	62	11 416	88	26 648	71	8
7	5	.	.	.	4	.	.	.	.	.	.	.	.	.	.	24 709	11		.	24 709	11	250	.	4 160	48	4 410	48	20 298	63	9
150	139	.	.	.	.	.	.	.	.	.	.	.	.	.	.	36 873	65	5 198	55	42 072	20	3 067	79	11 647	35	14 715	14	27 357	06	10
89	267	.	.	.	.	.	.	.	.	.	.	.	.	.	.	17 608	43	978	93	18 587	36	382	72	6 910	93	7 293	65	11 293	71	11
.	581	.	.	1	3	.	.	1	.	.	.	. *3*	4	1	.	34 040	11	3 834	12	37 874	23	1 953	79	7 096	99	9 050	78	28 823	45	12
67	325	.	.	.	.	.	.	.	.	.	.	.	.	.	.	43 682	79	7 703	05	51 385	84	2 752	79	7 858	66	10 611	45	40 774	39	13
40	11	.	.	.	.	.	.	.	.	.	.	.	.	.	.	5 537	21	1 236	37	6 773	58	1 272	43	1 542	28	2 814	71	3 958	87	14
224	.	.	.	.	.	.	.	.	.	.	.	.	.	.	.	17 945	00	6 495	72	24 440	72	605	14	5 191	71	5 796	85	18 643	87	15
42	94	.	.	.	.	.	.	.	.	.	.	.	.	.	1	14 901	52	2 103	96	17 005	48	153	.	10 765	93	10 918	93	6 086	55	16
55	7	.	.	.	.	.	.	.	.	.	.	.	.	.	.	45 920	77	337	14	46 257	91	515	35	33 227	.	33 742	35	12 515	56	17
.	.	.	.	.	.	.	.	.	.	.	.	.	.	1	.	25 319	42	3 161	83	28 481	25	531	80	12 138	44	12 670	24	15 811	01	18
44	18	.	.	.	.	4	.	.	.	.	.	.	.	.	1	8 420	95	2 406	91	10 827	86	177	86	2 935	64	3 113	50	7 714	36	19
.	.	.	.	.	.	.	.	.	.	.	.	.	.	.	.	15 911	38	2 357	62	18 269	.	563	03	4 264	70	4 827	73	13 441	27	20
27	.	.	.	.	.	.	.	.	.	.	.	.	.	.	.	6 057	41	5 539	94	11 597	35	239	06	1 070	22	1 309	28	10 288	07	21
280	2	.	.	2	.	.	.	18	.	.	.	.	.	.	.	63 609	50	9 219	33	72 828	83	11 130	44	28 207	40	39 337	84	33 490	99	22
96	.	.	.	.	.	.	.	.	.	.	.	.	.	.	.	8 648	98	7 958	44	16 607	42	3 273	52	4 010	77	7 284	29	9 323	13	23
35	.	.	.	.	.	.	.	.	.	.	.	.	.	.	.	5 587	71	5 292	34	10 880	05	540	25	1 500	90	2 041	15	8 838	90	24
33	11	.	.	.	.	.	.	.	.	.	.	.	.	.	.	2 762	20	8 605	07	11 367	27	200	58	670	86	871	44	10 495	83	25
43	.	.	.	.	.	.	.	.	.	.	.	.	.	.	.	1 186	.	5 542	58	6 728	58	667	69	589	84	1 257	53	5 471	05	26
10	.	.	.	.	.	.	.	.	.	.	.	.	.	.	.	10 048	03	916	12	10 964	15	136	80	11 251	40	11 388	20	*424*	*05*	27
28	8	.	.	.	.	.	.	.	.	.	.	.	.	.	.	12 873	73	1 200	19	14 073	92	777	09	1 757	27	2 534	36	11 539	56	28
3084	5809	3	1	32	10	6	1	27	12	4	1	. *3*	4	2	2	780 991	21	109 419	10	890 410	31	57 354	38	308 064	86	365 419	24	524 991	07	

Tafel

Nachweisung des Holzertrages der Staats-

Laufende Nummer	Regierungsbezirk	Holzboden	Fällungsergebnis im ganzen und Nutz-								
			Derbholz				Nichtderbholz				Ge-
							Reisig				
			Bau- und Nutzholz	Brennholz	Summe (Spalte 4 + 5)	für 1 ha Holzboden	Nutzholz	Brennholz	Summe (Spalte 8 + 9)	Stockholz	Bau- und Nutzholz (Spalte 4 + 8)
		ha	Festmeter				Festmeter				Fest-
1	2	3	4	5	6	7	8	9	10	11	12
1	Königsberg (m. Marienw.)	104 029	179 836	230 022	409 858	3,94	590	75 448	76 038	18 094	180 426
2	Gumbinnen	106 785	186 766	265 753	452 519	4,24	587	54 805	55 392	8 379	187 353
3	Allenstein	193 473	787 196	215 714	1 002 910	5,18	292	103 165	103 457	17 424	787 488
4	Schneidemühl	115 456	175 669	91 769	267 438	2,32	407	62 124	62 531	8 392	176 076
5	Potsdam	197 323	531 359	344 712	876 071	4,44	179	74 113	74 292	37 035	531 538
6	Frankfurt a. O.	202 694	699 314	275 076	974 390	4,81	2 938	73 516	76 454	18 966	702 252
7	Stettin	108 923	362 819	236 216	599 035	5,50	419	43 741	44 160	9 454	363 238
8	Köslin	92 184	148 900	120 061	268 961	2,92	140	58 439	58 579	6 211	149 040
9	Stralsund	25 588	51 000	60 163	111 163	4,34	612	17 615	18 227	615	51 612
10	Breslau (mit Liegnitz)	69 953	326 295	139 237	465 532	6,65	1 566	23 717	25 283	10 234	327 861
11	Oppeln	68 359	236 174	80 754	316 928	4,64	316	6 966	7 282	8 031	236 490
12	Magdeburg	60 268	141 999	84 240	226 239	3,75	630	57 383	58 013	5 972	142 629
13	Merseburg	70 048	209 682	115 916	325 598	4,65	802	66 514	67 316	10 558	210 484
14	Erfurt	39 187	170 278	79 162	249 440	6,34	2 922	37 050	39 972	7 418	173 200
15	Schleswig	27 319	91 092	74 095	165 187	6,05	789	43 564	44 353	2 269	91 881
16	Hannover (m. Osnabr.)	35 892	139 916	59 651	199 567	5,56	844	30 489	31 333	1 182	140 760
17	Hildesheim	99 827	394 926	226 735	621 661	6,23	3 035	66 805	69 840	15 545	397 961
18	Lüneburg	75 598	203 378	77 162	280 540	3,71	1 499	37 374	38 873	2 414	204 877
19	Stade (mit Aurich)	20 660	87 996	20 657	108 653	5,26	1 330	9 828	11 158	81	89 326
20	Minden (mit Münster)	34 502	129 412	67 668	197 080	5,71	1 376	40 119	41 495	818	130 788
21	Arnsberg	24 561	71 997	32 095	104 092	4,24	3 225	10 385	13 610	6	75 222
22	Kassel	198 188	490 785	439 529	930 314	4,69	6 054	301 943	307 997	7 361	496 839
23	Wiesbaden	51 871	169 597	160 755	330 352	6,37	1 600	53 150	54 750	359	171 197
24	Koblenz	6 564	6 120	6 518	12 638	1,93	130	8 887	9 017	123	6 250
25	Düsseldorf	15 835	11 698	5 613	17 311	1,09	832	2 688	3 520	52	12 530
26	Köln	13 565	36 753	19 923	56 676	4,18	383	3 738	4 121		37 136
27	Trier	Die Staatsforsten waren vom 10. Januar 1923 bis 20. Oktober 1924 beschlagnahmt. Das Holz									
28	Aachen										
	Zusammen	2 058 652	6 040 957	3 529 196	9 570 153	4,65	33 497	1 363 566	1 397 063	196 993	6 074 454

Anmerkung zu lfd. Nr. 24 Koblenz. Die Angaben erstrecken sich nur auf die nicht beschlagnahmten Oberförstereien, da in

forsten im Forstwirtschaftsjahre 1924.

Holzausbeute v. H. — …samte Holzmasse: Brennholz (Sp. 5 + 9 + 11)	Summe (Spalte 12 + 13)	für 1 ha Holzboden	Nutzholz: v. H. der Derbholzmasse (Sp. 4 · 100 / Sp. 6)	Nutzholz: v. H. der gesamten Holzmasse (Sp. 12 · 100 / Sp. 14)	Laubholz: Gesamtanfall an Laubderbholz	Laubholz: hierunter Nutzholz im ganzen	Laubholz: hierunter Nutzholz v. H.	Eichen: Anfall an Derbholz	Eichen: hierunter Nutzholz im ganzen	Eichen: hierunter Nutzholz v. H.	Rotbuchen: Anfall an Derbholz	Rotbuchen: hierunter Nutzholz im ganzen	Rotbuchen: hierunter Nutzholz v. H.	Nadelholz: Gesamtanfall an Nadelderbholz	Nadelholz: hierunter Nutzholz im ganzen	Nadelholz: hierunter Nutzholz v. H.	Laufende Nummer
…meter					Festmeter			Festmeter			Festmeter			Festmeter			
13	14	15	16	17	18	19	20	21	22	23	24	25	26	27	28	29	
323 564	503 990	4,84	44	36	201 809	38 092	19	25 998	16 769	65	13 316	2 437	18	208 049	141 744	68	1
328 937	516 290	4,83	41	36	169 760	25 367	15	14 131	9 919	70	3 435	461	13	282 759	161 399	57	2
336 303	1 123 791	5,81	78	70	72 314	21 771	30	12 895	8 318	65	9 506	2 818	30	930 596	765 425	82	3
162 285	338 361	2,93	66	52	18 806	6 266	33	3 594	2 045	57	4 636	609	13	248 632	169 403	68	4
455 860	987 398	5,00	61	54	97 089	21 437	22	22 230	6 904	31	41 731	6 188	15	778 982	509 922	65	5
367 558	1 069 810	5,28	72	66	96 344	28 054	29	24 139	10 185	42	43 185	8 442	20	878 046	671 260	76	6
289 411	652 649	5,99	61	56	149 881	48 795	33	33 972	16 615	49	76 859	22 932	30	449 154	314 024	70	7
184 711	333 751	3,62	55	45	80 134	24 210	30	17 538	9 403	54	40 185	9 385	23	188 827	124 690	66	8
78 393	130 005	5,08	46	40	65 914	20 753	31	18 805	9 164	49	39 221	9 872	25	45 249	30 247	67	9
173 188	501 049	7,16	70	65	79 138	36 216	46	42 706	21 303	50	12 434	5 896	47	386 394	290 079	75	10
95 751	332 241	4,86	75	71	12 873	5 939	46	5 598	3 547	63	1 291	539	42	304 055	230 235	76	11
147 595	290 224	4,82	63	49	98 674	37 556	38	52 594	22 262	42	23 325	8 162	35	127 565	104 443	82	12
192 988	403 472	5,76	64	52	87 419	35 805	32	40 535	18 920	47	34 597	11 949	35	238 179	173 877	73	13
123 630	296 830	7,56	68	58	81 565	27 066	33	8 029	3 388	42	71 883	22 834	32	167 875	143 212	85	14
119 928	211 809	7,75	55	43	113 613	49 098	43	17 676	12 043	68	91 635	35 281	39	51 574	41 994	81	15
91 322	232 082	6,47	70	61	83 091	41 260	50	19 499	13 494	69	61 219	27 274	45	116 476	98 656	85	16
309 085	707 046	7,08	64	56	269 859	88 722	33	27 140	15 368	57	240 629	72 548	30	351 802	306 204	87	17
116 950	321 827	4,26	72	64	61 024	24 598	40	24 836	14 008	56	20 989	5 368	26	219 516	178 780	81	18
30 566	119 892	5.80	81	75	28 580	16 489	58	14 545	11 042	76	11 784	4 795	41	80 073	71 507	89	19
108 605	239 393	6,94	66	55	145 880	79 684	55	35 395	23 534	66	107 952	53 815	50	51 200	49 728	97	20
42 486	117 708	4,79	69	64	63 999	32 387	51	11 875	9 124	77	51 338	23 195	45	40 093	39 610	99	21
748 833	1 245 672	6,29	53	40	509 141	136 014	27	79 652	33 770	42	415 022	97 386	23	421 173	354 771	84	22
214 264	385 461	7,43	51	44	218 124	67 140	31	31 930	15 182	48	184 361	41 289	22	112 228	102 457	91	23
15 528	21 778	3,32	48	29	8 344	2 297	28	3 631	1 867	51	4 470	425	10	4 294	3 823	89	24
8 353	20 883	1,32	68	60	11 390	6 252	55	5 804	3 627	62	4 478	2 258	50	5 921	5 446	92	35
23 661	60 797	4,48	65	61	37 988	19 709	52	14 617	10 192	70	22 328	9 188	41	18 688	17 044	91	27
																	27
wurde von der Forstregie verwertet.																	28
5 089 755	11 164 209	5,42	63	54	2 862 753	940 977	33	609 364	321 993	53	1 631 809	485 346	30	6 707 400	5 099 980	76	

den Oberförstereien des besetzten Gebietes das Holz nicht durch die Staatsforstverwaltung verwertet werden konnte.

Tafel

Nachweisung des Holzertrages der Staats-

Laufende Nummer	Regierungsbezirk	Holzboden	Fällungsergebnis im ganzen und Nutz-								
			Derbholz				Nichtderbholz				Ge-
			Bau- und Nutzholz	Brennholz	Summe (Spalte 4 + 5)	für 1 ha Holzboden	Reisig			Stockholz	Bau- und Nutzholz (Spalte 4 + 8)
							Nutzholz	Brennholz	Summe (Spalte 8 + 9)		
		ha	Festmeter				Festmeter				Fest-
1	2	3	4	5	6	7	8	9	10	11	12
1	Königsberg (m. Marienw.)	104 066	103 408	156 742	260 150	2,50	6 425	56 126	62 551	9 792	109 833
2	Gumbinnen	106 655	75 960	175 298	251 258	2,36	826	42 920	43 746	7 181	76 786
3	Allenstein	193 459	761 377	227 232	988 609	5,11	500	111 807	112 307	12 548	761 877
4	Schneidemühl	115 418	221 790	105 724	327 514	2,84	280	60 964	61 244	6 191	222 070
5	Potsdam	193 528	352 039	275 798	627 837	3,24	1 171	63 758	64 929	13 635	353 210
6	Frankfurt a. O. . . .	202 642	2 386 516	390 304	2 776 820	13,70	4 772	104 965	109 737	5 606	2 391 288
7	Stettin	108 929	879 874	246 811	1 126 685	10,34	437	58 783	59 220	5 410	880 311
8	Köslin	92 133	68 220	70 739	138 959	1,51	160	62 895	63 055	2 236	68 380
9	Stralsund	25 517	36 160	50 339	86 499	3,39	969	13 607	14 576	347	37 129
10	Breslau (mit Liegnitz).	70 064	300 770	126 084	426 854	6,09	3 836	22 866	26 702	7 327	304 606
11	Oppeln	68 314	130 035	62 683	192 718	2,82	400	12 422	12 822	7 720	130 435
12	Magdeburg	60 185	75 023	61 058	136 081	2,26	841	43 745	44 586	2 909	75 864
13	Merseburg	70 062	136 123	90 807	226 930	3,24	988	52 682	53 670	4 770	137 111
14	Erfurt	39 179	134 178	75 004	209 182	5,34	4 779	32 036	36 815	3 237	138 957
15	Schleswig	27 388	50 637	50 878	101 515	3,71	369	33 440	33 809	492	51 006
16	Hannover (m. Osnabr.)	35 869	87 106	39 538	126 644	3,53	723	26 354	27 077	473	87 829
17	Hildesheim	99 795	303 070	181 809	484 879	4,86	3 129	58 250	61 379	15 690	306 199
18	Lüneburg	75 458	121 737	51 057	172 794	2,29	1 192	27 679	28 871	1 070	122 929
19	Stade (mit Aurich) . .	20 603	53 569	16 246	69 815	3,39	1 297	9 791	11 088	47	54 866
20	Minden (mit Münster)	34 466	130 408	64 234	194 642	5,65	2 384	31 775	34 159	262	132 792
21	Arnsberg	24 487	67 319	32 455	99 774	4,07	2 528	10 028	12 556	.	69 847
22	Kassel	197 836	377 724	378 959	756 683	3,82	6 820	260 697	267 517	5 417	384 544
23	Wiesbaden	51 861	81 726	134 395	216 121	4,17	2 167	55 413	57 580	105	83 893
24	Koblenz	30 837	54 167	42 638	96 805	3,14	2 407	21 715	24 122	77	56 574
25	Düsseldorf	15 834	30 189	10 187	40 376	2,55	2 406	4 735	7 141	47	32 595
26	Köln	13 515	22 652	11 833	34 485	2,55	1 571	4 251	5 822	10	24 223
27	Trier	43 850	62 259	64 590	126 849	2,90	746	13 827	14 573	15	63 005
28	Aachen	24 670	48 033	17 859	65 892	2,67	1 543	5 494	7 037	.	49 576
	Zusammen	2 146 620	7 152 069	3 211 301	10 363 370	4,83	55 666	1 303 025	1 358 691	112 614	7 207 735

Holzausbeute v. H. — samte Holzmasse: Brennholz (Sp. 5 + 9 + 11)	Summe (Spalte 12 + 13)	für 1 ha Holzboden	Nutzholz: v. H. der Derbholzmasse (Sp. 4 · 100 / Sp. 6)	Nutzholz: v. H. der gesamten Holzmasse (Sp. 12 · 100 / Sp. 14)	Ausscheidung des Nutzderbholzes nach den Hauptholzarten — Laubholz: Gesamtanfall an Laubderbholz	Laubholz: hierunter Nutzholz im ganzen	Laubholz: hierunter Nutzholz v. H.	hierunter Eichen: Anfall an Derbholz	Eichen: hierunter Nutzholz im ganzen	Eichen: hierunter Nutzholz v. H.	hierunter Rotbuchen: Anfall an Derbholz	Rotbuchen: hierunter Nutzholz im ganzen	Rotbuchen: hierunter Nutzholz v. H.	Nadelholz: Gesamtanfall an Nadelderbholz	Nadelholz: hierunter Nutzholz im ganzen	Nadelholz: hierunter Nutzholz v. H.	Laufende Nummer
meter					Festmeter			Festmeter			Festmeter			Festmeter			
13	14	15	16	17	18	19	20	21	22	23	24	25	26	27	28	29	
222 660	332 493	3,20	40	33	124 249	26 005	21	16 870	11 742	70	10 309	2 511	24	135 901	77 403	57	1
225 399	302 185	2,83	30	25	78 502	8 667	11	7 029	4 259	61	1 201	288	24	172 756	67 293	39	2
351 587	1 113 464	5,76	77	68	39 276	8 992	23	7 790	4 420	57	5 619	1 614	29	949 333	752 385	79	3
172 879	394 949	3,42	68	56	12 373	2 955	24	2 024	1 178	58	4 325	892	21	315 141	218 835	69	4
353 191	706 401	3,65	56	50	67 341	16 062	24	14 860	5 738	39	34 833	6 361	18	560 496	335 977	60	5
500 875	2 892 163	14,27	86	83	26 366	8 351	32	7 689	3 379	44	8 484	1 908	22	2 750 454	2 378 165	86	6
311 004	1 191 315	10,94	78	74	76 184	20 618	27	17 847	7 700	43	36 258	10 407	29	1 050 501	859 256	82	7
135 870	204 250	2,22	49	33	42 919	10 513	24	8 798	3 727	42	25 231	5 325	21	96 040	57 707	60	8
64 293	101 422	3,97	42	36	54 131	17 339	32	15 747	7 481	48	31 469	8 049	26	32 368	18 821	58	9
156 277	460 883	6,58	70	66	70 587	32 065	45	36 876	18 137	49	10 758	5 032	47	356 267	268 705	75	10
82 825	213 260	3,12	67	61	9 629	3 543	37	4 429	2 380	54	1 225	369	30	183 089	126 492	69	11
107 712	183 576	3,05	55	41	68 312	24 777	36	32 130	13 385	42	20 538	7 108	35	67 769	50 246	74	12
148 259	285 370	4,07	60	48	61 326	24 096	39	23 266	10 248	44	30 583	11 301	37	165 604	112 027	68	13
110 277	249 234	6,36	64	56	68 888	22 145	32	6 370	2 722	43	61 002	18 763	31	140 294	112 033	80	14
84 810	135 816	4,96	50	38	70 988	27 451	39	9 951	6 594	66	58 100	19 781	34	30 527	23 186	76	15
66 365	154 194	4,30	69	57	60 351	30 911	51	13 892	9 025	65	44 968	21 073	47	66 293	56 195	85	16
255 749	561 948	5,63	63	54	200 710	63 928	32	17 065	8 460	50	182 490	55 205	30	284 169	239 142	84	17
79 806	202 735	2,69	70	61	40 704	18 437	45	16 934	9 006	53	15 630	4 386	29	132 090	103 300	78	18
26 084	80 950	3,93	77	68	21 303	12 351	58	10 664	8 329	78	9 425	3 820	41	48 512	41 218	85	19
96 271	229 063	6,65	67	58	132 116	70 210	53	20 343	12 851	63	107 956	55 648	52	62 526	60 198	96	20
42 483	112 330	4,59	67	62	66 272	34 144	52	7 488	5 552	74	57 843	28 405	49	33 502	33 175	99	21
645 073	1 029 617	5,20	50	37	453 992	127 460	28	67 332	29 241	43	377 046	96 190	26	302 691	250 264	83	22
189 913	273 806	5,28	38	31	157 133	29 947	19	19 886	10 398	52	135 804	18 360	14	58 988	51 779	88	23
64 430	121 004	3,92	56	47	48 660	10 573	22	11 283	5 644	50	35 548	4 855	14	48 145	43 594	91	24
14 969	47 564	3,00	75	69	18 273	9 805	54	10 167	6 560	65	6 234	2 580	41	22 103	20 384	92	25
16 094	40 317	2,98	66	60	20 873	9 372	45	8 427	5 279	63	11 637	3 873	33	13 612	13 280	98	26
78 432	141 437	3,23	49	45	86 503	24 459	28	11 587	5 837	50	74 770	17 508	23	40 346	37 800	94	27
23 353	72 929	2,95	73	68	30 109	13 038	43	9 549	5 501	58	19 521	7 079	36	35 783	34 995	98	28
4 626 940	11 834 675	5,51	69	61	2 208 070	708 214	32	436 293	224 663	51	1 418 807	418 691	30	8 155 300	6 443 855	79	

Tafel 38b.

Übersicht des Holzertrags und des Sortenverhältnisses in den Staatsforsten für die Forstwirtschaftsjahre 1924 und 1925.

Forstwirtschaftsjahr	Rechnungsmäßiger Ist-Einschlag: Bau- und Nutzholz: Derbholz einschl. Nutzrinde	Bau- und Nutzholz: Reisig	Bau- und Nutzholz: Zusammen (Spalte 2+3)	Brennholz: Derbholz	Brennholz: Stockholz	Brennholz: Reisig	Brennholz: Zusammen (Spalte 5 + 6 + 7)	Summe Bau-, Nutz- und Brennholz (Spalte 4+8)	Darunter sind enthalten: Derbholz einschl. Nutzrinde (Spalte 2 + 5)	Darunter sind enthalten: Reisig (Spalte 3 + 7)	Zur Holzzucht bestimmte Fläche
	Festmeter										Hektar
1	2	3	4	5	6	7	8	9	10	11	12
1924	6 040 957	33 497	6 074 454	3 529 196	196 993	1 363 566	5 089 755	11 164 209	9 570 153	1 397 063	2 058 652 (ohne besetzt. Gebiet)
1925	7 152 069	55 666	7 207 735	3 211 301	112 614	1 303 025	4 626 940	11 834 675	10 363 370	1 358 691	2 146 620

Fortsetzung der Tafel 38b.

Die Abnutzung hat für 1 ha der Holzbodenfläche betragen: Bau- und Nutzholz: Derbholz einschl. Nutzrinde	Bau- und Nutzholz: Reisig	Bau- und Nutzholz: Zusammen (Spalte 13 + 14)	Brennholz: Derbholz	Brennholz: Stockholz	Brennholz: Reisig	Brennholz: Zusammen (Spalte 16 + 17 + 18)	Summe Bau-, Nutz- u. Brennholz (Spalte 15 + 19)	Derb-, Nutz- und Brennholz (Spalte 13 + 16)	Reisig-Nutz- und Brennholz (Spalte 14 + 18)	Von dem Derbholz-Einschlag entfallen: auf das kontrollfähige Holz: vom Hoch- und Plenterwalde: Hauptnutzung: Festmeter	Hauptnutzung: v. H. des gesamten kontrollfähigen Holzes	Vornutzung: Festmeter	Vornutzung: v. H. des gesamten kontrollfähigen Holzes	Vornutzung: v. H. der Hauptnutzung	v. Mittelwalde: Festmeter	v. Mittelwalde: v. H. des gesamten kontrollfähigen Holzes	Zusammen Spalte 23 + 25 + 28	auf das nicht kontrollfähige Holz des Mittel- und Niederwaldes	Forstwirtschaftsjahr
Festmeter																	Festmeter		
13	14	15	16	17	18	19	20	21	22	23	24	25	26	27	28	29	30	31	32
2,93	0,02	2,95	1,71	0,10	0,66	2,47	5,42	4,64	0,68	6 717 507	70,4	2 830 651	29,6	42,1	8	.	9 548 166	21 987	1924
3,33	0,03	3,36	1,50	0,05	0,61	2,16	5,53	4,83	0,64	7 973 667	77,0	2 377 065	23,0	29,8	398	.	10 351 130	12 240	1925

Tafel 45a.

Übersicht des Gelddertrages aus der Holznutzung in den einzelnen Regierungsbezirken für das Hektar der zur Holzzucht bestimmten Fläche in den Rechnungsjahren 1924 und 1925.

Lfd. Nr.	Regierungsbezirk	Ertrag aus dem Holze für das Hektar der zur Holzzucht bestimmten Fläche (einschl. der dem Staate anteilig gehörenden Waldungen) Rechnungsjahr 1924 RM	Rechnungsjahr 1925 RM	Reihenfolge der Bezirke nach dem Ertrage aus dem Holze für das Hektar des Holzbodens im Rechnungsjahr 1925: Lfd. Nr.	Regierungsbezirk	RM
1	2	3	4	5	6	7
1	Königsberg (mit Marienwerder)	65,53	39,13	1	Köslin	20,34
2	Gumbinnen	50,99	28,04	2	Gumbinnen	28,04
3	Allenstein	89,37	83,10	3	Königsberg (mit Marienwerder)	39,13
4	Schneidemühl	41,88	40,32	4	Schneidemühl	40,32
5	Potsdam	91,71	56,72	5	Lüneburg	48,—
6	Frankfurt a. O.	85,49	147,42	6	Köln	48,97
7	Stettin	106,45	128,12	7	Trier	54,21
8	Köslin	51,37	20,34	8	Aachen	54,28
9	Stralsund	74,90	61,81	9	Magdeburg	56,11
10	Breslau (mit Liegnitz)	111,78	116,60	10	Potsdam	56,72
11	Oppeln	76,76	57,53	11	Oppeln	57,53
12	Magdeburg	80,75	56,11	12	Düsseldorf	57,64
13	Merseburg	103,38	79,94	13	Koblenz	59,78
14	Erfurt	141,77	133,26	14	Stralsund	61,81
15	Schleswig	124,06	74,91	15	Kassel	65,85
16	Hannover (mit Osnabrück)	119,31	83,81	16	Stade (mit Aurich)	70,56
17	Hildesheim	109,68	109,54	17	Wiesbaden	73,67
18	Lüneburg	70,43	48,—	18	Schleswig	74,91
19	Stade (mit Aurich)	115,04	70,56	19	Merseburg	79,94
20	Minden (mit Münster)	125,25	122,05	20	Arnsberg	80,10
21	Arnsberg	84,10	80,10	21	Allenstein	83,10
22	Kassel	74,67	65,85	22	Hannover (mit Osnabrück)	83,81
23	Wiesbaden	57,25*)	73,67	23	Hildesheim	109,54
24	Koblenz	9,60*)	59,78	24	Breslau (mit Liegnitz)	116,60
25	Düsseldorf	15,71*)	57,64	25	Minden (mit Münster)	122,05
26	Köln	28,32*)	48,97	26	Stettin	128,12
27	Trier	5,70*)	54,21	27	Erfurt	133,26
28	Aachen	0,51*)	54,28	28	Frankfurt a. O.	147,42
	Staat	79,23	76,20			

*) Die niedrigen Gelderträge je ha der Holzbodenfläche in den Regierungsbezirken Wiesbaden, Koblenz, Düsseldorf, Köln, Trier und Aachen erklären sich aus der Beschlagnahme der Staatsforsten und der Holzverwertung durch die französisch-belgische Forstregie.

Tafel

Haupt-

der Ist-Einnahmen und -Ausgaben der Staatsforstverwaltung

Laufende Nummer	Regierungsbezirk	Laufende													
		Holz		Nebennutzungen		Anrechnungsbeträge für Dienstwohnungen		Jagd		Torfgräbereien		Rückzahlungen auf Wirtschaftsvorschüsse der Forstbeamten, Beitrag des Reichs zur Besatzungszulage usw.		Forsteinrichtungsanstalten	
		RM	Rpf	RM	Rpf	RM	Rpf	RM	Rpf	RM	Rpf	RM	Rpf	RM	Rpf
1	2	3		4		5		6		7		8		9	
1	Königsberg (m. Marienw.)	6 817 369	39	513 896	65	56 738	42	35 837	09	20 685	55	1 659	05	.	.
2	Gumbinnen	5 444 949	92	601 591	91	52 190	01	19 008	45	28 952	67	2 100	.	.	.
3	Allenstein	17 290 358	93	726 538	51	72 021	86	19 095	81	7 209	90	3 281	.	.	.
4	Schneidemühl	4 835 246	15	286 077	32	46 885	16	36 238	47	.	.	1 248	.	.	.
5	Potsdam	18 095 980	61	779 787	96	93 567	11	52 695	18	.	.	1 608	70	.	.
6	Frankfurt a. O.	17 327 831	06	469 017	43	85 053	66	46 260	71	255	.	1 736	.	.	.
7	Stettin	11 594 970	03	419 864	76	44 583	01	36 543	80	20 282	50	3 371	.	.	.
8	Köslin	4 735 294	79	255 761	69	42 202	77	28 769	97	7 688	07	4 224	20	.	.
9	Stralsund	1 916 542	37	117 564	64	17 919	68	17 970	20	.	.	425	.	.	.
10	Breslau (mit Liegnitz)	7 819 623	89	308 881	64	45 929	49	29 950	10	.	.	1 913	.	.	.
11	Oppeln	5 247 641	85	196 983	93	33 218	76	12 819	17	.	.	985	.	.	.
12	Magdeburg	4 866 521	78	460 342	.	40 243	43	20 193	99	450	.	570	.	1 177	12
13	Merseburg	7 241 610	39	495 717	64	50 346	75	34 207	67	12	.	21	.	.	.
14	Erfurt	5 555 729	74	195 219	53	28 987	53	4 561	31	.	.	1 357	60	.	.
15	Schleswig	3 389 094	38	76 347	68	20 537	78	14 032	82	30 628	36	280	.	.	.
16	Hannover (mit Osnabrück)	4 282 333	20	109 139	02	31 889	01	9 486	14	2 527	28	989	.	.	.
17	Hildesheim	10 948 981	56	304 297	81	76 185	64	25 469	25	.	.	2 773	.	.	.
18	Lüneburg	5 324 505	97	282 491	84	43 335	74	21 306	78	6 991	16	1 365	.	.	.
19	Stade (mit Aurich)	2 376 751	17	78 602	84	14 374	72	7 542	85	3 351	71	9	80	.	.
20	Osnabrück	.	.	.	.	.	.	.	.	.	.	.	.	.	.
21	Minden (mit Münster)	4 321 312	09	57 554	04	19 887	05	13 178	66	2 842	.	290	.	.	.
22	Arnsberg	2 065 459	13	34 930	67	15 192	63	8 434	46	.	.	325	.	.	.
23	Kassel	14 798 180	76	449 316	75	147 729	44	52 978	49	.	.	2 123	25	300	.
24	Wiesbaden	2 969 830	66	91 110	04	26 523	25	7 357	88	.	.	1 484	.	.	.
25	Koblenz	295 999	28	15 006	13	22 704	01	2 746	15	.	.	275	.	.	.
26	Düsseldorf	248 704	03	157 205	73	13 305	99	3 649	27	.	.	.	.	.	.
27	Köln	384 223	78	160 161	05	10 949	44	2 925	06	.	.	.	.	.	.
28	Trier	250 563	29	13 947	17	32 059	87	2 990	48	.	.	.	.	.	.
29	Aachen	12 485	54	20 124	30	19 894	94	3 153	95	.	.	.	.	.	.
30	Sigmaringen	.	.	23	75	1 477	01	.	.	.	.	.	.	.	.
31	Generalstaatskasse	64 486	28	24 000	.	.	.	.	.	.	.	15 719	06	.	.
32	Bau- und Finanzdirektion	.	.	510	86	446	09	.	.	.	.	.	.	206	75
	Zusammen	170 522 582	02	7 702 015	29	1 206 380	25	569 404	16	131 876	20	50 132	66	1 683	87

Anmerkung zu Spalte 8: Der Reichsbeitrag zur Besatzungszulage beträgt 15 719 RM 06 Rpf; die Rückzahlungen auf Wirtschaftsvorschüsse belaufen sich auf 34 413 RM 60 Rpf.

46 b.

Übersicht

im Rechnungsjahre und Forstwirtschaftsjahre 1924.

Einnahmen.						Einmalige Einnahmen						Dauernde Ausgaben						
														Andere persönl. Ausgaben				
														Hilfsleistungen durch Beamte				
Staatliche Verwaltungsgebühren		Verschiedene andere Einnahmen		A. Forstliche Lehranstalten B. Forstliche Versuchsanstalt		Erlöse aus dem Verkaufe von Forstgrundstücken		Außerplanmäßige Einnahmen		Rohertrag zusammen (Sp. 3 bis 14)		Besoldungen der planmäßigen Forstbeamten		Vergütungen für Hilfsarbeiter im Forstverwaltungsdienste		Vergütungen für Hilfsförster und Forstgehilfen, Abfindungssummen an ausscheidende Beamte und Besoldungsbeiträge für die gemeinschaftlichen Forstbetriebsbeamten im Reg.-Bez. Wiesbaden		Laufende Nummer
RM	Rpf	RM	Rpf	RM	Rpf	RM	Rpf	RM	Rpf	RM	Rpf	RM	Rpf	RM	Rpf	RM	Rpf	
10		11		12		13		14		15		16		17		18		
108	05	158 013	05	.	.	569	51	.	.	7 604 876	76	843 459	52	7 519	50	129 396	43	1
192	90	92 614	05	.	.	1 752	43	.	.	6 243 352	34	769 495	65	19 767	74	95 369	28	2
1 428	55	255 087	19	.	.	2 789	33	.	.	18 377 811	08	1 099 629	81	15 947	95	94 329	85	3
291	40	90 300	56	.	.	5 051	90	.	.	5 301 338	96	705 749	60	5 397	55	75 609	17	4
641	95	940 309	28	A) 22 776 B) 1 819	64 92	1 904 426	60	.	.	21 893 613	95	1 416 532	82	80 104	16	127 026	72	5
63	70	277 062	07	A) 451	50	8 547	91	.	.	18 216 279	04	1 427 682	25	29 779	36	156 242	65	6
194	15	229 748	43	.	.	1 711	13	.	.	12 351 268	81	866 449	97	12 068	67	101 551	89	7
162	.	84 704	84	.	.	9 288	15	.	.	5 168 096	48	596 918	66	7 840	48	63 404	46	8
.	.	38 104	82	.	.	.	.	.	.	2 108 526	71	273 712	93	618	70	31 735	60	9
10	80	163 211	86	.	.	3 965	31	.	.	8 373 486	09	751 528	49	23 307	27	116 113	26	10
31	80	90 441	04	.	.	484	.	.	.	5 582 605	55	566 633	50	6 787	70	78 977	10	11
27	60	87 732	56	.	.	95 714	50	.	.	5 572 972	98	579 090	.	7 690	37	48 061	84	12
211	.	171 880	35	.	.	532 579	51	.	.	8 526 586	31	721 536	41	6 840	75	71 300	84	13
39	.	140 666	32	.	.	7 458	30	.	.	5 934 019	33	387 024	20	4 679	20	55 018	45	14
14	.	61 509	31	.	.	13 953	89	.	.	3 606 398	22	321 388	20	5 082	45	37 114	56	15
7	60	411 756	61	.	.	672	80	.	.	4 848 800	66	782 102	45	15 756	44	71 346	08	16
2	80	266 095	65	A) 26 784	99	12 698	.	.	.	11 663 288	70	1 118 443	79	31 765	82	105 072	22	17
22	70	97 364	08	.	.	7 845	24	.	.	5 785 228	51	630 110	75	6 421	53	68 128	77	18
12	.	54 091	56	.	.	3 921	.	.	.	2 538 657	65	223 930	75	4 384	40	17 321	40	19
.	.	.	.	.	.	.	.	.	.	.	.	3 538	.	1 295	67	.	.	20
54	50	146 424	10	.	.	11 970	35	.	.	4 573 512	79	429 641	20	11 548	06	36 924	90	21
2	.	155 812	19	.	.	23 642	55	.	.	2 303 798	63	271 928	44	7 991	17	25 264	30	22
320	85	382 716	68	A) 1 631	60	23 958	54	.	.	15 859 256	36	2 255 292	70	38 753	84	197 037	63	23
69	.	176 058	04	A) 3 125	91	.	.	.	.	3 275 558	78	832 996	93	2 592	40	90 713	76	24
.	.	27 752	87	.	.	3 044	91	.	.	367 528	35	369 225	34	525	98	46 625	75	25
2	.	33 449	25	.	.	.	.	30 430	77	486 747	04	206 905	69	6 941	26	27 056	22	26
.	.	11 070	71	.	.	58	34	2 253	72	571 642	10	175 219	94	14 685	85	18 065	26	27
10	.	9 459	12	.	.	.	.	23 800	.	332 829	93	359 487	14	6 796	34	45 357	47	28
82	80	8 314	88	.	.	.	.	5 540	.	69 596	41	229 281	07	11 167	41	22 094	13	29
.	.	15 793	70	.	.	.	.	.	.	17 294	46	20 364	.	.	.	1 950	75	30
.	.	21 491	.	.	.	500 000	.	17 300 000	.	17 925 696	34	.	.	*128*	*80*	.	.	31
5	50	8 620	29	.	.	44 239	.	.	.	54 028	49	.	.	.	.	.	.	32
4 008	65	4 707 656	46	56 590	56	3 220 343	20	17 362 024	49	205 534 697	81	19 235 300	20	393 929	22	2 054 210	74	

Anmerkung zu Spalte 14: Davon 17 300 000 RM Reichsentschädigung für die durch die Beschlagnahme der Staatsforsten im besetzten Gebiet entstandenen Schäden und 62 024 RM 49 Rpf Reichsentschädigung für die Instandsetzung der beschlagnahmt gewesenen Forstdienstgebäude im besetzten Gebiete.

Anmerkung zu Spalte 17: Die schräge Zahl ist eine Minuszahl (Umbuchung).

Laufende Nummer	Regierungsbezirk	Dauernde — Andere persönliche — Hilfsleistungen durch nichtbeamtete Kräfte: Vergütungen usw. an außerplanmäßige Forstkassenverwalter und an Untererheber		Vergütungen für nebenamtliche Waldwärter usw., sowie für sonstige Hilfskräfte im Forstverwaltungs- u. Forstbetriebsdienst u. Abfindungssummen an ausscheidende Angestellte		Stellvertretungskosten		Besatzungszulagen usw. an Beamte usw		Unterstützungen für Beamte		Notstandsbeihilfen für Beamte usw.		Unterhaltszuschüsse an Beamte im Vorbereitungsdienste	
		RM	Rpf	RM	Rpf	RM	Rpf	RM	Rpf	RM	Rpf	RM	Rpf	RM	Rpf
		19		20		21		22		23		24		25	
1	Königsberg (m. Marienw.)	10 330	78	32 654	55	492	50	.	.	49 033	.	7 491	.	5 360	10
2	Gumbinnen	8 197	50	54 593	62	4 061	33	.	.	41 564	.	5 763	50	5 468	90
3	Allenstein	8 360	85	79 114	25	1 378	65	.	.	66 055	.	7 969	.	10 716	65
4	Schneidemühl	1 893	75	8 549	91	183	.	.	.	47 160	.	3 602	.	2 479	55
5	Potsdam	19 775	24	71 477	54	3 783	52	.	.	72 320	.	9 965	.	28 403	24
6	Frankfurt a. O.	9 948	87	74 812	80	553	50	.	.	74 815	.	8 627	.	7 572	35
7	Stettin	6 591	57	67 579	01	256	85	.	.	56 650	.	6 661	.	4 163	50
8	Köslin	4 023	44	14 487	56	.	.	.	.	43 480	.	3 571	.	2 073	20
9	Stralsund	5 051	10	11 068	03	.	.	.	.	11 600	.	4 297	75	2 912	82
10	Breslau (mit Liegnitz)	5 214	61	13 965	87	.	.	.	.	37 678	50	3 882	50	7 888	.
11	Oppeln	.	.	13 107	99	33	60	.	.	27 276	.	2 782	.	1 209	40
12	Magdeburg	6 098	10	21 879	77	.	.	.	.	17 385	.	1 859	.	1 482	45
13	Merseburg	10 454	16	9 571	29	.	.	328	85	30 495	.	1 874	.	2 307	05
14	Erfurt	3 648	75	22 100	19	.	.	.	.	19 000	.	1 075	.	2 805	86
15	Schleswig	9 026	50	903	01	183	.	.	.	12 950	.	3 990	.	622	55
16	Hannover (mit Osnabrück)	3 553	50	10 543	11	.	.	28	80	28 435	.	4 331	.	5 216	94
17	Hildesheim	3 272	50	19 626	62	.	.	.	.	53 729	.	7 185	.	20 214	15
18	Lüneburg	9 007	50	12 138	92	128	20	.	.	27 708	50	3 571	.	3 514	71
19	Stade (mit Aurich)	1 219	05	244	20	.	.	.	.	8 700	.	1 751	.	.	.
20	Osnabrück	.	.	.	.	.	.	.	.	.	.	.	.	.	.
21	Minden (mit Münster)	4 584	40	11 464	19	.	.	.	.	17 440	.	3 054	.	2 113	05
22	Arnsberg	7 975	.	12 506	99	.	.	.	.	10 880	.	2 500	.	1 947	16
23	Kassel	31 610	75	46 715	77	1 170	.	57	60	96 805	.	13 780	53	16 079	76
24	Wiesbaden	20 726	25	5 624	85	2 412	59	4 245	70	50 578	.	5 634	.	2 371	09
25	Koblenz	15 005	53	1 687	68	111	.	5 159	10	24 930	.	3 062	10	75	45
26	Düsseldorf	.	.	3 051	56	.	.	3 272	94	11 500	.	2 756	.	111	77
27	Köln	.	.	.	.	.	.	2 508	37	8 400	.	300	.	.	.
28	Trier	2 740	.	1 321	73	.	.	6 498	49	25 060	.	3 598	.	.	.
29	Aachen	2 000	.	3 050	.	.	.	4 125	61	14 915	.	1 819	.	.	.
30	Sigmaringen	.	.	.	.	.	.	.	.	135	.	.	.	108	.
31	Generalstaatskasse	1 232	87	880	40	.	.	.	.	*926 247*	.	1 610	.	128	80
32	Bau- und Finanzdirektion	.	.	660	.	.	.	.	.	.	.	561	.	.	
	Zusammen	211 542	57	625 381	41	14 747	74	26 225	46	60 430	.	128 922	38	137 346	50

Anmerkung zu Spalte 23: Die schräge Zahl ist eine Minuszahl (Umbuchung infolge Übernahme auf die außerplanmäßigen Ausgaben).

Ausgaben

Ausgaben				Dienstaufwandsentsch., Dienstkostenersatz, Dienstkleidungszuschüsse u. Zuschüsse z. d. Kosten der Unter-																
Wirtschaftsvorschüsse an Forstbeamte, Pauschbetrag zu den Versorgungsgebührnissen usw. und Verwaltungskostenbeitrag für die Mitverwaltung der Forstkassen durch Kreiskassen		Summe der persönlichen Ausgaben ausschl. der Besoldung der planmäßigen Beamten (Sp. 17 bis 26)		Dienstaufwandsentschädigungen für Oberforstmeister und Regierungs- u. Forsträte		Dienstaufwandsentschädigungen für Oberförster		Dienstkostenersatz für Oberförster		Dienstaufwandsentschädigungen für Forstrentmeister		Dienstaufwandsentschädigungen für verw. Revierf., Revierf., Forstsekr. und Förster		Dienstkostenersatz für verw. Revierf., Revierf., Forstsekr. und Förster		Dienstkleidungszuschüsse		Ankauf von Dienstfuhrwerken		Laufende Nummer
RM	Rpf	RM	Rpf	RM	Rpf	RM	Rpf	RM	Rpf	RM	Rpf	RM	Rpf	RM	Rpf	RM	Rpf	RM	Rpf	
26		27		28		29		30		31		32		33		34		35		
80 770	.	323 047	86	8 018	30	3 020	.	43 615	40	6 244	74	12 909	96	8 527	04	9 229	75	38 166	80	1
93 700	.	328 485	87	7 450	91	2 752	29	37 882	66	7 526	20	11 182	89	4 316	05	8 406	73	39 464	63	2
98 138	.	382 010	20	7 173	31	4 165	.	79 108	86	7 295	14	16 874	46	2 562	64	10 715	.	47 945	97	3
49 300	.	194 174	93	4 682	85	2 640	.	44 417	27	9 364	71	10 423	75	550	85	7 167	17	37 846	10	4
83 980	.	496 835	42	12 051	05	4 535	83	108 547	71	8 842	47	19 131	13	4 678	05	14 065	66	70 380	58	5
94 370	.	456 721	53	9 848	57	5 762	40	102 746	78	13 440	12	20 348	30	8 163	41	14 669	19	50 645	45	6
62 600	.	318 122	49	6 929	60	3 205	59	53 421	62	6 423	23	10 899	95	1 703	65	9 066	92	23 046	15	7
49 600	.	188 480	14	3 885	15	2 081	.	47 557	31	1 204	90	8 849	69	4 997	55	6 041	15	34 219	89	8
9 800	.	77 084	.	496	90	2 229	44	15 273	16	2 517	59	4 000	.	1 425	01	2 747	50	8 750	40	9
37 500	.	245 550	01	4 793	50	2 184	.	40 276	31	4 569	37	10 619	73	3 167	34	8 539	45	8 769	.	10
36 050	.	166 223	79	4 543	31	1 800	.	25 805	49	4 061	19	7 725	.	1 106	47	6 237	45	.	.	11
17 606	80	122 063	33	4 124	80	1 800	.	30 845	10	5 114	06	8 169	13	.	.	5 519	58	12 648	15	12
21 900	.	155 071	94	6 215	23	2 520	.	45 355	16	3 919	29	9 832	74	1 108	37	7 147	50	27 562	52	13
18 990	.	127 317	45	2 567	92	1 560	.	17 212	25	1 607	38	6 402	50	164	90	4 057	35	8 071	20	14
21 600	.	91 472	07	1 863	18	1 216	67	17 582	61	.	.	4 211	42	1 390	07	3 238	35	11 182	10	15
35 950	.	175 160	87	6 967	85	2 985	80	58 013	75	885	30	10 360	59	11 005	80	7 667	83	5 546	40	16
49 880	.	290 745	31	12 035	18	4 784	50	94 855	51	5 699	08	16 346	65	3 230	36	10 948	81	34 151	80	17
31 160	.	161 779	13	4 289	05	6 827	35	46 242	07	2 113	27	10 336	33	4 895	84	7 270	25	29 729	13	18
9 950	.	43 570	05	1 891	40	970	.	16 012	81	.	.	3 387	50	248	60	2 308	75	1 833	20	19
.	.	1 295	67	1 117	05	.	.	.	.	.	.	.	.	.	.	9	.	.	.	20
15 400	.	102 528	60	3 227	20	1 440	.	29 498	76	1 255	27	5 967	50	4 893	70	4 201	92	15 958	40	21
12 400	.	81 464	62	3 992	95	1 200	.	23 950	99	878	42	3 770	50	155	55	2 461	25	3 896	60	22
93 875	.	535 885	88	17 318	20	20 177	33	230 906	10	4 717	30	33 582	83	2 508	42	21 993	53	54 523	92	23
24 380	.	209 278	64	8 468	10	6 580	48	83 062	25	2 762	84	11 025	18	434	25	7 253	25	15 091	05	24
20 100	.	117 282	59	3 134	77	1 440	.	16 116	44	.	.	6 717	54	142	90	3 711	35	52 798	95	25
9 000	.	63 689	75	881	22	480	.	4 295	31	672	47	3 122	88	.	.	1 993	.	.	.	26
.	.	43 959	48	820	65	480	.	4 861	42	.	.	2 259	17	309	80	1 603	.	.	.	27
16 000	.	107 372	03	2 715	17	1 440	.	13 801	29	.	.	6 217	59	2 690	94	3 247	75	34 898	35	28
5 800	.	64 971	15	1 268	80	690	.	9 820	76	.	.	3 563	.	38	50	2 096	.	5 223	70	29
.	.	2 193	75	.	.	360	.	2 300	88	.	.	70	.	.	.	120	.	.	.	30
3 105 223	.	2 182 699	27	.	.	*1 509*	*44*	1 451	61	*2 113*	*27*	.	.	.	.	.	.	1 431	50	31
.	.	1 221	.	.	.	.	.	.	.	.	.	.	.	.	.	.	.	.	.	32
4 205 022	80	7 857 758	82	152 772	17	89 818	24	1 344 837	64	99 001	07	278 307	91	74 416	06	194 734	44	673 781	94	

Anm. zu Spalte 26: Es betragen die Wirtschaftsvorschüsse 1 099 799 RM 80 Rpf, der Pauschbeitrag zu den Versorgungsgebührnissen 3 045 223 RM und der Verwaltungskostenbeitrag für die Mitverwaltung der Forstkassen durch Kreiskassen 60 000 RM.
Anm. zu den Spalten 29 und 31: Die schrägen Zahlen sind Minuszahlen (Umbuchungen).

Laufende Nummer	Regierungsbezirk	Dauernde															
		haltung v. Fahrrädern				Sächliche											
		Zuschuß zu den Kosten der Unterhaltung von Fahrrädern		Dienstaufwandsentschädigungen usw. zusammen (Sp. 28 bis 36)		Werben und Verbringen von Holz und anderen Forsterzeugnissen		Unterhaltung und Neubau der Gebäude und Beschaffung fehlender Gebäude		Unterhaltung und Neubau der öffentlichen Wege innerhalb der Forsten		Beihilfen zu Wege- und Brückenbauten und zur Anlegung von Eisenbahngüterhaltestellen außerhalb der Forsten		Wasserbauten in den Forsten		Forstkulturen, Bau der Wirtschaftswege usw.	
		RM	Rpf	RM	Rpf	RM	Rpf	RM	Rpf	RM	Rpf	RM	Rpf	RM	Rpf	RM	Rpf
		36		37		38		39		40		41		42		43	
1	Königsberg (m. Marienw.)	260	.	129 991	99	981 518	98	129 674	36	109 076	84	16 280	40	3 957	06	391 247	37
2	Gumbinnen	1 269	.	120 251	36	1 035 314	19	111 621	48	204 369	16	26 000	.	5 477	18	422 256	27
3	Allenstein	1 165		177 005	38	2 021 638	51	212 740	37	269 528	36	32 000	.	3 400	63	787 767	94
4	Schneidemühl	1 250	.	118 342	70	578 231	30	129 714	75	34 150	84	300	.	.	.	330 590	32
5	Potsdam	1 530	.	243 762	48	1 913 613	61	159 460	36	231 795	74	1 732	30	10 189	25	640 738	15
6	Frankfurt a. O.	135	.	225 759	22	1 682 562	89	180 309	20	144 112	82	37 568	75	3 773	30	595 794	82
7	Stettin	450	.	115 146	71	875 191	72	120 274	66	148 816	16	1 279	72	10 501	43	464 662	09
8	Köslin	100	.	108 936	64	667 770	47	117 110	41	90 204	17	16 500	.	.	.	257 658	26
9	Stralsund	380	.	37 820	.	236 959	78	23 055	90	18 435	22	.	.	1 900	.	111 920	35
10	Breslau (mit Liegnitz)	400	.	83 318	70	1 749 469	18	179 400	13	193 276	82	55 200	.	882	23	437 819	78
11	Oppeln	1 073	.	52 351	91	627 689	43	52 021	80	30 455	77	2 502	75	9 896	07	154 913	36
12	Magdeburg	19	90	68 240	72	487 981	97	79 500	27	22 500	90	4 510	63	.	.	232 184	48
13	Merseburg	950	.	104 610	81	645 343	92	114 805	32	54 972	70	251	.	11 027	23	377 941	99
14	Erfurt	100	.	41 743	50	711 719	16	56 260	03	41 358	58	3 500	.	1 412	67	177 820	65
15	Schleswig	560	.	41 244	40	386 935	27	21 012	33	11 329	19	.	.	.	.	74 291	50
16	Hannover (mit Osnabrück)	1 225	.	104 658	32	481 030	38	44 933	72	13 450	57	7 536	63	502	97	146 456	02
17	Hildesheim	1 000	.	183 051	89	1 695 344	86	96 163	40	132 614	79	7 618	23	2 279	69	458 549	52
18	Lüneburg	750	.	112 453	29	559 336	23	128 515	81	47 438	02	163	30	795	75	168 923	05
19	Stade (mit Aurich)	240	.	26 892	26	241 545	02	12 462	55	3 449	56	.	.	26	19	66 924	90
20	Osnabrück	.	.	1 126	05	.	.	.	.	.	.	.	.	.	.	.	.
21	Minden (mit Münster)	278	08	66 720	83	461 258	44	72 985	90	99 073	80	3 577	11	.	.	151 935	06
22	Arnsberg	50	.	40 356	26	193 873	10	52 595	10	20 091	62	.	.	368	49	84 810	65
23	Kassel	810	.	386 537	63	2 653 620	36	224 951	85	94 205	72	11 716	66	3 501	38	691 205	13
24	Wiesbaden	240	.	134 917	40	572 549	34	84 420	85	16 123	35	5 600	.	1 521	64	264 399	60
25	Koblenz	180	.	84 241	95	40 438	22	28 577	37	22 944	54	.	.	.	.	101 579	79
26	Düsseldorf	200	50	11 645	38	41 093	28	9 753	98	11 185	68	.	.	.	.	65 992	61
27	Köln	103	32	10 437	36	52 791	93	4 479	90	14 018	03	.	.	.	.	42 366	18
28	Trier	100	.	66 111	09	366	79	34 834	41	62 600	19	.	.	.	.	102 185	14
29	Aachen	111	.	22 811	76	162	07	22 265	45	49 937	21	.	.	.	.	179 422	22
30	Sigmaringen	.	.	2 850	88	.	.	1 030	56	.	.	.	.	.	.	.	.
31	Generalstaatskasse	.	.	*739*	*60*	6	50	4 002	15	156	96	*30 000*	.	*238*	*03*	*8 435*	*16*
32	Bau- und Finanzdirektion	.	.	.	.	.	.	.	.	.	.	.	.	.	.	.	.
	Zusammen	14 929	80	2 922 599	27	21 595 356	90	2 508 934	37	2 191 673	31	203 837	48	71 175	13	7 937 922	04

Anmerkung zu den Spalten 37, 41, 42 und 43: Die schrägen Zahlen sind Minuszahlen (Umbuchungen).

Ausgaben

Verwaltungs- und Betriebskosten

Verbesserung von Forstgrundstücken		Forstvermessungen und Betriebsregelungen		Jagdkosten		Torfgräbereien		Reisekosten einschließlich Beschäftigungstagegelder		Umzugskosten und Zuschüsse zu den gesetzlichen Umzugskostenverhütungen		Umzugskostenbeihilfen		Wohnungsbeihilfen		Vertilgung schädlicher Tiere		Vorflutkosten, Feuer- und Grenzführungskosten		Laufende Nummer
RM	Rpf	RM	Rpf	RM	Rpf	RM	Rpf	RM	Rpf	RM	Rpf	RM	Rpf	RM	Rpf	RM	Rpf	RM	Rpf	
44		45		46		47		48		49		50		51		52		53		
134 683	66	370	62	9 168	41	.	.	4 106	10	36 293	19	4 276	95	646	60	32 724	40	33 932	42	1
195 888	16	2 449	86	15 045	96	12 547	13	5 126	04	25 347	36	4 419	40	.	.	53 078	96	74 357	58	2
237 103	29	3 094	14	12 598	96	470	46	5 699	63	44 986	45	5 558	45	520	.	56 926	90	41 577	72	3
121 828	97	263	65	13 388	91	.	.	2 209	44	23 179	50	889	70	714	90	27 153	22	18 954	37	4
122 534	37	4 579	03	29 156	06	.	.	6 515	59	61 635	24	10 145	56	.	.	29 912	21	19 542	03	5
82 998	80	1 093	07	22 303	67	.	.	8 776	23	39 995	20	13 334	70	36	.	17 407	.	26 057	75	6
40 198	13	585	14	7 901	19	.	.	3 415	89	34 633	41	8 997	25	96	40	3 463	18	45 101	84	7
129 362	78	3 454	71	7 968	30	.	.	2 576	53	19 961	04	1 418	50	.	.	35 442	05	13 493	22	8
5 080	82	409	40	2 375	76	.	.	1 323	10	5 744	14	1 049	.	.	.	87	10	17 386	69	9
134 657	04	961	50	11 401	33	.	.	4 907	93	17 715	06	2 904	81	1 120	.	27 353	59	19 912	62	10
28 634	64	568	93	5 988	49	.	.	4 891	34	8 616	70	2 861	30	124	.	4 636	33	22 128	93	11
48 779	76	251	48	5 626	47	.	.	3 427	95	16 683	39	1 355	50	.	.	10 964	06	15 966	35	12
13 777	68	2 586	01	7 967	83	.	.	2 716	85	6 403	36	3 696	04	.	.	12 846	58	24 691	09	13
4 209	87	831	37	2 223	86	.	.	916	60	16 173	89	5 311	55	1 196	17	890	92	572	36	14
6 869	29	540	86	3 877	84	556	59	992	38	6 233	44	1 370	.	1 118	70	104	78	3 568	81	15
348	25	86	29	5 811	24	297	44	3 825	56	20 686	90	3 468	80	.	.	1 969	42	4 516	64	16
7 395	42	4 776	54	29 789	87	.	.	4 820	.	34 184	77	2 569	45	273	.	3 962	41	1 421	80	17
12 186	61	690	16	5 558	23	1 404	82	2 946	39	20 128	67	1 475	.	67	50	717	71	18 529	07	18
2 934	77	488	01	2 315	44	77	29	546	58	2 823	49	2 740	55	.	.	938	92	3 172	60	19
.	.	.	.	.	.	.	.	11	10	.	.	.	.	.	.	.	.	.	.	20
389	05	1 913	96	3 114	06	.	.	2 220	75	8 235	04	2 248	.	441	10	7 034	54	1 530	92	21
50	75	1 994	77	1 040	60	.	.	8 217	60	8 175	98	1 557	85	.	.	233	59	247	62	22
10 827	18	4 190	37	22 877	13	100	.	8 585	11	46 340	25	10 953	90	293	.	976	67	2 149	89	23
20 386	75	712	92	3 554	43	.	.	3 087	88	23 589	89	2 002	85	.	.	91	71	1 026	99	24
67	22	.	.	619	75	.	.	1 898	12	9 359	71	1 489	13	908	16	79	86	685	90	25
12	28	.	.	462	25	.	.	543	07	2 797	23	.	.	925	.	42	78	2 295	05	26
911	39	49	70	351	18	.	.	886	51	536	65	841	90	.	.	.	.	1 015	.	27
200	22	.	.	1 916	34	.	.	1 455	67	6 442	38	1 093	20	90	.	.	.	1 387	50	28
.	.	586	63	1 310	61	.	.	997	97	1 821	72	1 331	90	.	.	68	14	3 460	63	29
.	.	.	.	.	.	.	.	362	40	2 656	95	.	.	.	.	.	.	.	.	30
992	48	.	.	.	.	.	.	14 965	57	.	.	.	.	.	.	.	.	.	.	31
.	.	.	.	.	.	.	.	.	.	.	.	.	.	.	.	.	.	.	.	32
1 363 309	63	37 529	12	235 714	17	15 453	73	112 971	88	551 381	.	99 361	24	8 570	53	329 107	03	418 683	39	

Laufende Nummer	Regierungsbezirk	Sächliche Verwaltungs- und Betriebskosten: Holzverkaufs- und Verpachtungskosten		Sächliche Verwaltungs- und Betriebskosten: Vermischte Ausgaben		Sächliche Verwaltungs- und Betriebskosten: Sächliche Verwaltungs- und Betriebskosten zusammen (Sp. 38 bis 55)		Summe der Verwaltungs- und Betriebskosten (Sp. 16+27+37+56		Dauernde … Forst-: Besoldungen der planmäßigen Beamten		Andere persön-: Hilfsleistungen durch Beamte		Andere persön-: Hilfsleistungen durch nichtbeamtete Kräfte	
		RM	Rpf	RM	Rpf	RM	Rpf	RM	Rpf	RM	Rpf	RM	Rpf	RM	Rpf
		54		55		56		57		58		59		60	
1	Königsberg (m. Marienw.)	145 770	72	64 031	40	2 097 759	48	3 394 258	85	.	.	.	.	.	.
2	Gumbinnen	99 721	58	45 279	11	2 338 299	42	3 556 532	30	.	.	.	.	.	.
3	Allenstein	428 153	22	71 863	29	4 235 628	32	5 894 273	71	.	.	.	.	.	.
4	Schneidemühl	91 815	74	33 922	80	1 407 308	41	2 425 575	64	.	.	.	.	.	.
5	Potsdam	363 053	75	94 336	57	3 698 939	82	5 856 070	54	.	.	.	.	.	.
6	Frankfurt a. O.	426 764	36	76 266	39	3 359 154	95	5 469 317	95	.	.	.	.	.	.
7	Stettin	269 558	78	105 184	51	2 139 861	50	3 439 580	67	.	.	.	.	.	.
8	Köslin	104 432	91	31 070	07	1 498 423	42	2 392 758	86	.	.	.	.	.	.
9	Stralsund	43 571	35	11 067	53	480 366	14	868 983	07	.	.	.	.	.	.
10	Breslau (mit Liegnitz)	179 161	96	33 124	39	3 049 268	37	4 129 665	57	.	.	.	.	.	.
11	Oppeln	114 632	60	21 543	29	1 092 105	73	1 877 314	93	.	.	.	.	.	.
12	Magdeburg	121 154	43	17 886	13	1 068 773	77	1 838 167	82	37 116	75	52 898	35	23 737	76
13	Merseburg	173 001	36	29 364	98	1 481 393	94	2 462 613	10	.	.	.	.	.	.
14	Erfurt	134 497	30	18 188	38	1 177 083	36	1 733 168	51	.	.	.	.	.	.
15	Schleswig	73 705	69	12 852	95	605 359	62	1 059 464	29	.	.	.	.	.	.
16	Hannover (mit Osnabrück)	108 133	03	19 143	19	862 197	05	1 924 118	69	.	.	.	.	.	.
17	Hildesheim	249 629	27	48 826	60	2 780 219	62	4 372 460	61	.	.	.	.	.	.
18	Lüneburg	119 896	60	39 979	98	1 128 752	90	2 033 096	07	.	.	.	.	.	.
19	Stade (mit Aurich)	54 841	74	7 681	69	402 969	30	697 362	36	.	.	.	.	.	.
20	Osnabrück	5	10	466	77	482	97	6 442	69	.	.	.	.	.	.
21	Minden (mit Münster)	108 760	14	17 111	32	941 829	19	1 540 719	82	.	.	.	.	.	.
22	Arnsberg	51 383	73	15 851	29	440 492	74	834 242	06	.	.	.	.	.	.
23	Kassel	371 397	18	106 790	26	4 264 682	04	7 442 398	25	38 703	.	39 518	70	15 388	25
24	Wiesbaden	81 882	02	37 649	90	1 118 600	12	2 295 793	09	.	.	.	.	.	.
25	Koblenz	8 022	76	11 807	09	228 477	62	799 227	50	.	.	.	.	.	.
26	Düsseldorf	11 373	74	7 989	53	154 466	48	436 707	30	.	.	.	.	.	.
27	Köln	6 244	69	9 266	39	133 759	45	363 376	23	.	.	.	.	.	.
28	Trier	1 955	30	14 530	55	229 057	69	762 027	95	.	.	.	.	.	.
29	Aachen	626	85	14 718	92	276 710	32	593 774	30	.	.	.	.	.	.
30	Sigmaringen	.	.	1 317	86	5 367	77	30 776	40	.	.	.	.	.	.
31	Generalstaatskasse	.	.	36 014	26	17 464	73	2 199 424	40	.	.	.	.	.	.
32	Bau- und Finanzdirektion	.	.	303	95	303	95	1 524	95	42 715	92	64 840	98	49 455	36
	Zusammen	3 943 147	90	1 055 431	34	42 715 560	19	72 731 218	48	118 535	67	157 258	03	88 581	37

Ausgaben

einrichtungsanstalten												Allgemeine Ausgaben						
liche Ausgaben				Sonstige (sächliche) Ausgaben														
Unterstützungen für Beamte		Andere persönliche Ausgaben zusammen (Sp. 59 bis 61)		Reisekosten, Umzugskosten, Umzugskostenbeihilfen, Wohnungsbeihilfen		Geschäftsbedürfnisse und sonstige vermischte Ausgaben		Summe (Sp. 63+64)		Summe der persönlichen und sächlichen Ausgaben (Sp. 58+62+65)		Grund- und Gemeindelasten		Ablösungsrenten und zeitweise Vergütungen anstelle von Naturalabgaben		Gesetzliche Kosten der Unfallversicherung und Unfallfürsorge sowie Beiträge zum Ruhegehaltskassenverbande für Gemeindeforstbetriebsbeamte im Regierungsbezirk Wiesbaden		Laufende Nummer
RM	Rpf	RM	Rpf	RM	Rpf	RM	Rpf	RM	Rpf	RM	Rpf	RM	Rpf	RM	Rpf	RM	RM	
61		62		63		64		65		66		67		68		69		
.	.	.	.	.	.	.	.	.	.	.	.	733 027	38	2 113	76	22 708	42	1
.	.	.	.	.	.	.	.	.	.	.	.	516 808	43	302	54	23 621	43	2
.	.	.	.	.	.	.	.	.	.	.	.	1 338 583	20	.	.	31 260	95	3
.	.	.	.	.	.	.	.	.	.	.	.	570 864	92	225	.	4 938	71	4
.	.	.	.	.	.	.	.	.	.	.	.	900 158	35	1 214	40	31 192	89	5
.	.	.	.	.	.	.	.	.	.	.	.	826 931	47	108	.	24 763	57	6
.	.	.	.	.	.	.	.	.	.	.	.	537 759	22	6 790	54	16 478	36	7
.	.	.	.	.	.	.	.	.	.	.	.	457 768	67	.	.	12 515	44	8
.	.	.	.	.	.	.	.	.	.	.	.	112 388	63	.	.	5 238	03	9
.	.	.	.	.	.	.	.	.	.	.	.	509 449	98	.	.	17 650	90	10
.	.	.	.	.	.	.	.	.	.	.	.	338 699	87	.	.	11 330	96	11
965	.	77 601	11	13 986	82	11 508	33	25 495	15	140 213	01	245 837	42	.	.	10 156	55	12
.	.	.	.	.	.	.	.	.	.	.	.	415 477	82	.	.	8 456	60	13
.	.	.	.	.	.	.	.	.	.	.	.	217 174	28	.	.	10 254	64	14
.	.	.	.	.	.	.	.	.	.	.	.	154 765	32	833	35	5 333	56	15
.	.	.	.	.	.	.	.	.	.	.	.	174 565	25	30	.	14 042	71	16
.	.	.	.	.	.	.	.	.	.	.	.	535 756	62	151 845	98	21 741	19	17
.	.	.	.	.	.	.	.	.	.	.	.	224 053	20	2 038	44	7 997	78	18
.	.	.	.	.	.	.	.	.	.	.	.	93 255	05	.	.	2 861	86	19
.	.	.	.	.	.	.	.	.	.	.	.	1 982	60	.	.	1 910	50	20
.	.	.	.	.	.	.	.	.	.	.	.	163 926	97	.	.	10 406	65	21
.	.	.	.	.	.	.	.	.	.	.	.	126 847	16	.	.	4 568	77	22
.	.	54 906	95	10 999	18	9 318	05	20 317	23	113 927	18	530 536	11	82	50	43 166	80	23
.	.	.	.	.	.	.	.	.	.	.	.	178 059	98	.	.	16 906	75	24
.	.	.	.	.	.	.	.	.	.	.	.	71 550	33	.	.	3 370	14	25
.	.	.	.	.	.	.	.	.	.	.	.	119 635	61	.	.	2 270	73	26
.	.	.	.	.	.	.	.	.	.	.	.	63 281	77	.	.	477	65	27
.	.	.	.	.	.	.	.	.	.	.	.	129 480	15	18 554	15	7 633	80	38
.	.	.	.	.	.	.	.	.	.	.	.	57 515	05	4 149	64	2 002	81	29
.	.	.	.	.	.	.	.	.	.	.	.	897	45	.	.	.	.	30
700	.	*700*	.	.	.	.	.	.	.	*700*	.	*1 550*	.	.	.	2 614	80	31
35	.	114 331	34	22 970	13	8 230	75	31 200	88	188 248	14	.	.	.	.	.	.	32
300	.	246 139	40	47 956	13	29 057	13	77 013	26	441 688	33	10 345 488	26	188 288	30	377 873	95	

Anmerkung zu den Spalten 61, 62 66 und 67: Die schrägen Zahlen sind Minuszahlen (**Umbuchungen**).

Laufende Nummer	Regierungsbezirk	Dauernde													
		Allgemeine Ausgaben								Summe der dauernden Betriebsausgaben (Sp. 57 + 66 + 73)		Forstwissenschaftliche und			
		Unterstützungen für				Kosten der Armenpflege		Summe der allgemeinen Ausgaben (Sp. 67 bis 72)				Besoldungen		Andere	
		Beamte i. R. und Hinterbliebene		Angestellte u. Arbeiter sowie für ausgeschiedene Angestellte u. Arbeiter u. ihre Hinterbliebenen										Hilfsleistungen durch Beamte	
		RM	Rpf	RM	Rpf	RM	Rpf	RM	Rpf	RM	Rpf	RM	Rpf	RM	Rpf
		70		71		72		73		74		75		76	
1	Königsberg (m Marienw.)	17 502	20	3 662	.	7 048	59	786 062	35	4 180 321	20	.	.	.	.
2	Gumbinnen	22 140	.	3 162	60	1 050	85	567 085	85	4 123 618	15	.	.	.	.
3	Allenstein	11 147	.	5 703	.	1 524	74	1 388 218	89	7 282 492	60	.	.	.	.
4	Schneidemühl	7 797	.	3 432	.	1 084	55	588 342	18	3 013 917	82	.	.	.	.
5	Potsdam	30 050	73	4 227	65	2 550	46	969 394	48	6 825 465	02	112 464	25	a) 26 815 b) 7 913	84 .
6	Frankfurt a. O.	23 723	.	4 543	75	1 546	05	881 615	84	6 350 933	79	.	.	.	.
7	Stettin	9 539	.	2 704	.	2 251	99	575 523	11	4 015 103	78	.	.	.	.
8	Köslin	6 724	50	1 269	.	1 617	28	479 894	89	2 872 653	75	.	.	.	.
9	Stralsund	2 307	.	1 039	60	451	54	121 424	80	990 407	87	.	.	.	.
10	Breslau (mit Liegnitz)	16 539	.	2 775	.	679	48	547 094	36	4 676 759	93	.	.	.	.
11	Oppeln	5 614	.	1 718	.	24	90	357 387	73	2 234 702	66	.	.	.	.
12	Magdeburg	7 704	.	1 810	.	87	23	265 595	20	2 243 976	03	.	.	.	.
13	Merseburg	7 924	50	2 016	.	.	.	433 874	92	2 896 488	02	.	.	.	.
14	Erfurt	3 204	.	1 370	.	.	.	232 002	92	1 965 171	43	.	.	.	.
15	Schleswig	3 992	29	1 089	.	212	90	166 226	42	1 225 690	71	.	.	.	.
16	Hannover (mit Osnabrück)	12 657	.	1 554	.	.	.	202 848	96	2 126 967	65	.	.	.	.
17	Hildesheim	9 057	.	4 308	.	39 536	.	762 244	79	5 134 705	40	113 080	75	26 257	35
18	Lüneburg	3 982	.	1 602	.	894	40	240 567	82	2 273 663	89	.	.	.	.
19	Stade (mit Aurich)	894	.	585	.	.	.	97 595	91	794 958	27	.	.	.	.
20	Osnabrück		.	400	.	.	.	4 293	10	10 735	79	.	.	.	.
21	Minden (mit Münster)	1 742	.	675	.	.	.	176 750	62	1 717 470	44	.	.	.	.
22	Arnsberg	3 134	.	1 000	.	.	.	135 549	93	969 791	99	.	.	.	.
23	Kassel	34 758	33	7 259	.	219	75	616 022	49	8 172 347	92	.	.	100	.
24	Wiesbaden	8 776	40	1 543	.	.	.	205 286	13	2 501 079	22	.	.	.	.
25	Koblenz	4 413	.	1 100	.	.	.	80 433	47	879 660	97	.	.	.	.
26	Düsseldorf	3 499	50	290	.	.	.	125 695	84	562 403	14	.	.	.	.
27	Köln	536	.	500	.	.	.	64 795	42	428 171	65	.	.	.	.
28	Trier	3 906	.	1 300	.	.	.	160 874	10	922 902	05	.	.	.	.
29	Aachen	2 698	.	640	.	.	.	67 005	50	660 779	80	.	.	.	.
30	Sigmaringen	400	.	.	.	.	.	1 297	45	32 073	85	.	.	.	.
31	Generalstaatskasse	*362*	.	322	40	39	60	1 064	80	2 199 789	20	.	.	.	.
32	Bau- und Finanzdirektion	16 334	.	588	.	.	.	16 922	.	206 695	09	.	.	.	.
	Zusammen	282 333	45	64 188	.	60 820	31	11 318 992	27	84 491 899	08	225 545	.	61 086	19

Anmerkung zur Spalte 70: Die schräge Zahl ist eine Minuszahl (Umbuchung).

Anmerkung zu den Angaben in den Spalten 76, 77, 78, 80 bis 85 für den Regierungsbezirk Potsdam: Die Zahlen unter in Eberswalde dar.

Ausgaben

Lehrzwecke (Forsthochschulen, Forstschulen und Forstliche Versuchsanstalt)

persönliche Ausgaben								Sonstige Ausgaben								Summe der Ausgaben für forstwissenschaftliche und Lehrzwecke (Sp. 75 + 80 + 84)		Laufende Nummer
Hilfsleistungen durch nichtbeamtete Kräfte		Amtsvergütung für Rektoren, Unterrichtshonorare und Vergütungen für Vorlesungen, die nicht von den ordentlichen Professoren gehalten werden.		Unterstützungen für Beamte		Zusammen (Sp. 76 bis 79)		Unterhaltung der Gebäude		Vermischte Ausgaben		Forstwissenschaftliche Untersuchungen		Zusammen (Sp. 81 bis 83)				
RM	Rpf	RM	Rpf	RM	Rpf	RM	Rpf	RM	Rpf	RM	Rpf	RM	Rpf	RM	Rpf	RM	Rpf	
77		78		79		80		81		82		83		84		85		
.	.	.	.	.	.	.	.	.	.	.	.	.	.	.	.	.	.	1
.	.	.	.	.	.	.	.	.	.	.	.	.	.	.	.	.	.	2
.	.	.	.	.	.	.	.	.	.	.	.	.	.	.	.	.	.	3
.	.	.	.	.	.	.	.	.	.	.	.	.	.	.	.	.	.	4
a) 11 781	84	a) 10 551	28	.	.	a) 49 148	96	a) 3 450	57	a) 46 704	35	a) 2 904	79	a) 53 059	71	a) 214 672	92	5
b) 3 242	83	b) .	.	.	.	b) 11 155	83	b) 1 991	96	b) 8 415	65	b) 1 247	66	b) 11 655	27	b) 22 811	10	
.	.	.	.	.	.	.	.	2 626	92	.	.	.	.	2 626	92	2 626	92	6
.	.	.	.	.	.	.	.	.	.	.	.	.	.	.	.	.	.	7
.	.	.	.	.	.	.	.	.	.	.	.	.	.	.	.	.	.	8
.	.	.	.	.	.	.	.	.	.	.	.	.	.	.	.	.	.	9
.	.	.	.	.	.	.	.	.	.	.	.	.	.	.	.	.	.	10
.	.	.	.	.	.	.	.	.	.	.	.	.	.	.	.	.	.	11
.	.	.	.	.	.	.	.	.	.	.	.	.	.	.	.	.	.	12
.	.	.	.	.	.	.	.	.	.	.	.	.	.	.	.	.	.	13
.	.	.	.	.	.	.	.	.	.	.	.	.	.	.	.	.	.	14
.	.	.	.	.	.	.	.	.	.	.	.	.	.	.	.	.	.	15
.	.	.	.	.	.	.	.	.	.	.	.	.	.	.	.	.	.	16
8 674	60	10 193	.	150	.	45 274	95	4 999	96	43 494	59	4 118	60	52 613	15	210 968	85	17
.	.	.	.	.	.	.	.	.	.	.	.	.	.	.	.	.	.	18
.	.	.	.	.	.	.	.	.	.	.	.	.	.	.	.	.	.	19
.	.	.	.	.	.	.	.	.	.	.	.	.	.	.	.	.	.	20
.	.	.	.	.	.	.	.	.	.	.	.	.	.	.	.	.	.	21
.	.	.	.	.	.	.	.	.	.	.	.	.	.	.	.	.	.	22
.	.	.	.	.	.	100	.	998	34	138	15	.	.	1 136	49	1 236	49	23
.	.	.	.	.	.	.	.	4 799	68	812	09	.	.	5 611	77	5 611	77	24
.	.	.	.	.	.	.	.	.	.	.	.	.	.	.	.	.	.	25
.	.	.	.	.	.	.	.	.	.	.	.	.	.	.	.	.	.	26
.	.	.	.	.	.	.	.	.	.	.	.	.	.	.	.	.	.	27
.	.	.	.	.	.	.	.	.	.	.	.	.	.	.	.	.	.	28
.	.	.	.	.	.	.	.	.	.	.	.	.	.	.	.	.	.	29
.	.	.	.	.	.	.	.	.	.	.	.	.	.	.	.	.	.	30
.	.	.	.	.	.	.	.	.	.	.	.	400	.	400	.	400	.	31
.	.	.	.	.	.	.	.	.	.	.	.	.	.	.	.	.	.	32
23 699	27	20 744	28	150	.	105 679	74	18 867	43	99 564	83	8 671	05	127 103	31	458 328	05	

a) stellen die Ausgaben der Forstlichen Hochschule Eberswalde, die Zahlen unter b) die Ausgaben der Forstlichen Versuchsanstalt

Laufende Nummer	Regierungsbezirk	Betrag der dauernden Ausgaben (Sp. 74 + 85)		Reinertrag ohne Berücksichtigung der einmaligen Ausgaben (Sp. 15 weniger 86)		Prozent des Rohertrages (Sp. 15)	Einmalige: Ablösung von Forstberechtigungen, Grundlasten und Schuldenrenten		Ankauf von Grundstücken zu den Forsten		Erste Einrichtung von Grundstücken zu den Forsten	
		RM	Rpf	RM	Rpf		RM	Rpf	RM	Rpf	RM	Rpf
		86		87		88	89		90		91	
1	Königsberg (m. Marienw.)	4 180 321	20	3 424 555	56	45	.	.	184 583	80	25 194	91
2	Gumbinnen	4 123 618	15	2 119 734	19	34	.	.	79 215	65	11 917	51
3	Allenstein	7 282 492	60	11 095 318	48	60	588	80	235 105	80	2 918	03
4	Schneidemühl	3 013 917	82	2 287 421	14	43	.	.	127 752	96	1 331	86
5	Potsdam	7 062 949	04	14 830 664	91	68	.	.	69 139	90	8 156	04
6	Frankfurt a. O.	6 353 560	71	11 862 718	33	65	.	.	51 606	.	11 207	52
7	Stettin	4 015 103	78	8 336 165	03	67	.	.	16 288	05	.	.
8	Köslin	2 872 653	75	2 295 442	73	44	.	.	205 378	34	21 993	73
9	Stralsund	990 407	87	1 118 118	84	53	.	.	7 000	.	.	.
10	Breslau (mit Liegnitz) . .	4 676 759	93	3 696 726	16	44	.	.	60 035	08	3 351	30
11	Oppeln	2 234 702	66	3 347 902	89	60	.	.	.	.	.	.
12	Magdeburg	2 243 976	03	3 328 996	95	60	.	.	.	.	850	.
13	Merseburg	2 896 488	02	5 630 098	29	66	.	.	31 206	85	.	.
14	Erfurt	1 965 171	43	3 968 847	90	67	1 381	50	25 920	.	15 450	69
15	Schleswig	1 225 690	71	2 380 707	51	66	.	.	37 164	90	.	.
16	Hannover (mit Osnabrück)	2 126 967	65	2 721 833	01	56	.	.	37 048	.	.	.
17	Hildesheim	5 345 674	25	6 317 614	45	54	300 000	.	95 379	50	2 050	13
18	Lüneburg	2 273 663	89	3 511 564	62	61	.	.	9 831	41	208	73
19	Stade (mit Aurich) . . .	794 958	27	1 743 699	38	69	.	.	.	.	.	.
20	Osnabrück	10 735	79	*10 735*	*79*	.	.	.	.	.	.	.
21	Minden (mit Münster) . .	1 717 470	44	2 856 042	35	62	.	.	15 000	.	.	.
22	Arnsberg	969 791	99	1 334 006	64	58	.	.	10 093	62	.	.
23	Kassel	8 173 584	41	7 685 671	95	48	6	36	32	40	.	.
24	Wiesbaden	2 506 690	99	768 867	79	23	.	.	1 269	60	2 098	60
25	Koblenz	879 660	97	*512 132*	*62*	.	.	.	17 434	64	28 527	46
26	Düsseldorf	562 403	14	*75 656*	*10*	.	.	.	.	.	.	.
27	Köln	428 171	65	143 470	45	25	.	.	64 946	86	.	.
28	Trier	922 902	05	*590 072*	*12*	.	.	.	.	.	.	.
29	Aachen	660 779	80	*591 183*	*39*	.	.	.	.	.	.	.
30	Sigmaringen	32 073	85	*14 779*	*39*	.	.	.	.	.	.	.
31	Generalstaatskasse	2 200 189	20	15 725 507	14	88	.	.	1 550	.	.	.
32	Bau- und Finanzdirektion	206 695	09	*152 666*	*60*	.	.	.	.	.	132 895	71
	Zusammen	84 950 227	13	120 584 470	68	59	301 976	66	1 382 983	36	268 152	22

Anm. zu Spalte 87, 92, 95 und 98: Die schrägen Zahlen sind Minuszahlen. Anm. zu Spalte 87 u. 88: Der Reinertrag verringert sich bei Abzug der Reichsentschädigung von 17300000 RM für die durch die Beschlagnahme der Staatsforsten im besetzten Gebiet entstandenen Schäden (zu vergl. Spalte 14) auf 103284470 RM 68 Rpf = 55% des Rohertrages.

Ausgaben						Summe der einmaligen Ausgaben (Sp. 89 bis 94)		Außerplanmäßige Ausgaben		Summe aller Ausgaben (Sp. 86 + 95 + 96)		**Bleibt Reinertrag** (Spalte 15 weniger 97) (Die schrägen Zahlen sind Minuszahlen)		Der Reinertrag (Spalte 98) beträgt wieviel vom Hundert des Rohertrages (Sp. 15)	Laufende Nummer
Beschaffung von Insthäusern für Arbeiter		Herstellung von Fernsprechanlagen		Kosten der ersten Einrichtung der Ländereien im Tawellningker und Oboliner Polder											
RM	Rpf	RM	Rpf	RM	Rpf	RM	Rpf	RM	Rpf	RM	Rpf	RM	Rpf	?	
92		93		94		95		96		97		98		99	
.	.	228	06	115 953	60	325 960	37	.	.	4 506 281	57	3 098 595	19	41	1
400	.	7 479	25	412 016	71	511 029	12	.	.	4 634 647	27	1 608 705	07	26	2
1 200	43	8 091	67	.	.	247 904	73	.	.	7 530 397	33	10 847 413	75	59	3
.	.	33	70	.	.	129 118	52	.	.	3 143 036	34	2 158 302	62	41	4
170	*98*	935	18	.	.	78 060	14	13 093	98	7 154 103	16	14 739 510	79	67	5
1 695	06	1 489	73	.	.	65 998	31	3 444	.	6 423 003	02	11 793 276	02	65	6
20 204	64	973	78	.	.	37 466	47	.	.	4 052 570	25	8 298 698	56	67	7
4 899	01	3 238	14	.	.	235 509	22	.	.	3 108 162	97	2 059 933	51	40	8
.	.	75	.	.	.	7 075	.	.	.	997 482	87	1 111 043	84	53	9
.	.	1 580	.	.	.	64 966	38	2 342	82	4 744 069	13	3 629 416	96	43	10
.	.	791	85	.	.	791	85	.	.	2 235 494	51	3 347 111	04	60	11
.	.	315	93	.	.	1 165	93	.	.	2 245 141	96	3 327 831	02	60	12
.	.	205	64	.	.	31 412	49	17 921	67	2 945 822	18	5 580 764	13	65	13
.	.	.	.	.	.	42 752	19	1 603	41	2 009 527	03	3 924 492	30	66	14
.	.	376	03	.	.	37 540	93	.	.	1 263 231	64	2 343 166	58	65	15
.	.	1 043	50	.	.	38 091	50	14 075	70	2 179 134	85	2 669 665	81	55	16
17 606	04	731	11	.	.	415 766	78	28 211	65	5 789 652	68	5 873 636	02	50	17
.	.	535	07	.	.	10 575	21	6 073	12	2 290 312	22	3 494 916	29	60	18
.	.	.	.	.	.	.	.	.	.	794 958	27	1 743 699	38	69	19
.	.	.	.	.	.	.	.	.	.	10 735	79	*10 735*	*79*	.	20
.	.	.	.	.	.	15 000	.	42 021	24	1 774 491	68	2 799 021	11	61	21
.	.	1 112	95	.	.	11 206	57	.	.	980 998	56	1 322 800	07	57	22
.	.	3 471	53	.	.	3 510	29	156 399	96	8 333 494	66	7 525 761	70	47	23
.	.	.	.	.	.	3 368	20	49 381	59	2 559 440	78	716 118	.	22	24
.	.	.	.	.	.	45 962	10	15 740	61	941 363	68	*573 835*	*33*	.	25
.	.	.	.	.	.	.	.	34 823	32	597 226	46	*110 479*	*42*	.	26
.	.	123	.	.	.	65 069	86	10 460	10	503 701	61	67 940	49	12	27
.	.	.	.	.	.	.	.	40 192	42	963 094	47	*630 264*	*54*	.	28
.	.	.	.	.	.	.	.	1 716	69	662 496	49	*592 900*	*08*	.	29
.	.	.	.	.	.	.	.	4 076	27	36 150	12	*18 855*	*66*	.	29
3 987	*65*	.	.	.	.	*2 437*	*65*	923 905	50	3 121 657	05	14 804 039	29	83	30
.	.	.	.	.	.	132 895	71	.	.	339 590	80	*285 562*	*31*	.	31
41 846	55	32 831	12	527 970	31	2 555 760	22	1 365 484	05	88 871 471	40	116 663 226	41	57	

Tafel

Haupt-

der Ist-Einnahmen und -Ausgaben der Staatsforstverwaltung

Laufende Nummer	Regierungsbezirk	Laufende													
		Holz		Nebennutzungen		Anrechnungsbeträge für Dienstwohnungen		Jagd		Torfgräbereien		Rückzahlungen auf Wirtschaftsvorschüsse usw. der Forstbeamten. Beitrag des Reichs zur Besatzungszulage usw.		Forsteinrichtungsanstalten	
		RM	Rpf	RM	Rpf	RM	Rpf	RM	Rpf	RM	Rpf	RM	Rpf	RM	Rpf
1	2	3		4		5		6		7		8		9	
1	Königsberg (m. Marienw.)	4 071 977	57	516 916	78	72 220	56	48 451	49	17 780	06	16 068	.	.	.
2	Gumbinnen	2 990 602	28	548 772	71	70 855	24	36 526	25	30 196	78	12 857	.	.	.
3	Allenstein	16 075 647	88	697 837	35	98 749	18	42 629	40	6 090	95	15 181	.	.	.
4	Schneidemühl	4 653 487	46	290 753	04	48 007	42	44 805	54	.	.	6 905	.	.	.
5	Potsdam	10 976 320	27	833 584	78	118 426	70	86 769	01	.	.	11 894	50	.	.
6	Frankfurt a. O.	29 873 542	49	506 695	31	114 570	29	65 015	58	330	.	15 563	.	.	.
7	Stettin	13 956 142	60	375 177	66	56 607	13	46 415	34	12 145	35	8 016	50	.	.
8	Köslin	1 874 076	41	255 014	44	54 419	09	38 065	59	7 016	45	10 192	.	.	.
9	Stralsund	1 577 189	11	104 610	52	22 611	41	24 709	11	.	.	2 090	.	.	.
10	Breslau (mit Liegnitz)	8 169 474	.	326 877	68	64 987	46	42 072	20	.	.	6 238	.	.	.
11	Oppeln	3 929 786	87	177 255	05	43 140	03	18 587	36	.	.	6 281	.	.	.
12	Magdeburg	3 376 815	.	464 150	77	50 852	48	37 874	23	450	.	2 548	.	1 576	65
13	Merseburg	5 600 803	83	526 871	22	60 672	45	51 385	84	12	.	3 939	24	.	.
14	Erfurt	5 220 817	52	111 883	63	37 010	89	6 773	58	.	.	6 836	40	.	.
15	Schleswig	2 051 710	70	67 507	69	25 543	93	24 440	72	25 431	78	3 285	.	.	.
16	Hannover (mit Osnabrück)	3 006 080	12	158 697	89	42 815	83	17 005	48	1 255	78	5 394	.	.	.
17	Hildesheim	10 931 167	63	343 035	69	103 872	02	46 257	91	.	.	7 647	.	.	.
18	Lüneburg	3 621 980	81	346 913	85	59 346	10	28 481	25	3 760	86	5 395	.	.	.
19	Stade (mit Aurich)	1 453 779	24	67 747	42	18 144	57	10 827	86	3 580	36	1 361	80	.	.
20	Minden (mit Münster)	4 206 562	94	55 864	87	32 500	27	18 269	.	1 591	30	5 415	.	.	.
21	Arnsberg	1 961 312	23	39 444	16	19 735	57	11 597	35	.	.	1 735	.	.	.
22	Kassel	13 028 431	13	455 480	58	196 853	83	72 828	83	.	.	14 369	.	1 218	40
23	Wiesbaden	3 820 392	38	179 364	01	39 464	36	16 607	42	.	.	4 608	.	.	.
24	Koblenz	1 843 348	83	44 678	25	38 672	52	10 880	05	.	.	2 777	.	.	.
25	Düsseldorf	912 730	73	317 349	03	19 625	58	11 367	27	.	.	1 805	.	.	.
26	Köln	661 817	24	117 578	19	22 363	14	6 728	58	.	.	.	.	.	.
27	Trier	2 377 107	75	38 700	02	38 788	29	10 964	15	.	.	2 010	.	.	.
28	Aachen	1 339 048	92	21 471	55	24 189	.	14 073	92	.	.	847	50	.	.
29	Sigmaringen	.	.	21	.	2 418	76	.	.	.	.	50	.	.	.
30	Generalstaatskasse	.	.	.	.	.	.	.	.	.	.	25 072	86	.	.
31	Bau- und Finanzdirektion	.	.	.	.	.	.	.	.	.	.	.	.	.	.
	Zusammen	163 562 153	94	7 990 255	14	1 597 464	10	890 410	31	109 641	67	206 381	80	2 795	05

Anmerkung zu Spalte 8: Der Reichsbeitrag zur Besatzungszulage beträgt 25 072 RM 86 Rpf; die Rückzahlungen auf Wirtschaftsvorschüsse belaufen sich auf 181 308 RM 94 Rpf.

46 b.

Übersicht

im Rechnungsjahre und Forstwirtschaftsjahre 1925.

Einnahmen												Dauernde Ausgaben						
														Andere persönliche Ausgaben				
														Hilfsleistungen durch Beamte				
Staatliche Verwaltungsgebühren		Forstliche Lehranstalten		Forstliche Versuchsanstalt		Verschiedene andere Einnahmen		Erlöse aus dem Verkaufe von Forstgrundstücken		Rohertrag zusammen (Sp. 3 bis 14)		Besoldungen der planmäßigen Forstbeamten		Vergütungen für Hilfsarbeiter im Forstverwaltungsdienste		Vergütungen für Hilfsförster und Forstgehilfen und Besoldungsbeiträge für die gemeinschaftlichen Forstbetriebsbeamten im Reg.-Bez.-Wiesbaden		Laufende Nummer
RM	Rpf	RM	Rpf	RM	Rpf	RM	Rpf	RM	Rpf	RM	Rpf	RM	Rpf	RM	Rpf	RM	Rpf	
10		11		12		13		14		15		16		17		18		
30	50	.	.	.	.	137 998	.	7 785	78	4 889 228	74	942 781	64	4 758	.	129 604	90	1
25	.	.	.	.	.	77 438	76	1 698	59	3 768 972	61	881 401	90	16 193	15	105 818	90	2
769	99	.	.	.	.	234 792	76	26 105	96	17 197 804	47	1 262 409	90	17 480	85	89 835	07	3
145	65	.	.	.	.	90 675	71	2 421	30	5 137 201	12	798 273	.	7 830	.	83 685	60	4
224	75	24 004	67	2 540	84	804 687	99	7 086 477	98	19 944 931	49	1 599 986	53	85 150	84	132 371	51	5
61	40	554	15	.	.	292 037	19	4 228	.	30 872 597	41	1 630 817	83	54 660	30	160 349	81	6
95	40	.	.	.	.	187 295	89	19 978	50	14 661 874	37	989 080	92	12 251	25	92 157	83	7
51	.	.	.	.	.	59 076	21	23 515	53	2 321 426	72	666 542	82	11 748	55	68 963	.	8
12	.	.	.	.	.	20 815	50	7 688	.	1 759 725	65	304 437	.	.	.	35 946	70	9
69	20	.	.	.	.	164 204	88	12 514	28	8 786 437	70	841 973	90	23 776	40	114 943	37	10
5	.	.	.	.	.	171 049	10	5 208	70	4 351 313	11	628 497	30	12 773	07	97 747	70	11
28	90	.	.	.	.	104 390	58	3 837	63	4 042 524	24	642 294	16	8 952	67	41 426	90	12
377	70	.	.	.	.	153 983	.	4 196	25	6 402 241	53	827 741	40	9 563	05	66 694	70	13
36	50	.	.	.	.	90 532	82	7 375	75	5 481 267	09	434 363	.	6 263	25	61 447	70	14
3	.	.	.	.	.	40 582	90	16 421	87	2 254 927	59	351 441	03	6 073	57	35 023	50	15
7	.	.	.	.	.	520 346	97	10 507	48	3 762 110	55	870 361	11	31 982	44	54 689	70	16
8	20	29 569	62	.	.	242 558	98	46 447	08	11 750 564	13	1 281 389	38	35 582	94	108 288	.	17
1	.	.	.	.	.	99 862	32	34 986	99	4 200 728	18	721 761	67	6 332	81	74 171	20	18
2	50	.	.	.	.	21 661	40	10 835	26	1 587 940	41	248 562	90	6 085	.	19 800	90	19
21	.	.	.	.	.	109 184	89	27 831	49	4 457 240	76	468 947	76	9 562	05	39 547	20	20
.	.	.	.	.	.	156 970	40	12 972	60	2 203 767	31	298 127	99	7 479	50	23 518	95	21
186	.	1 874	16	.	.	287 469	97	6 104	42	14 064 816	32	2 535 316	22	39 817	32	188 587	41	22
582	20	4 280	46	.	.	391 619	75	1 331	30	4 458 249	88	1 023 468	05	12 206	40	87 365	34	23
.	.	.	.	.	.	87 513	17	133	.	2 028 002	82	481 163	80	6 085	84	47 846	26	24
12	.	.	.	.	.	56 098	37	40 000	.	1 358 987	98	254 711	94	28	.	28 386	79	25
.	.	.	.	.	.	46 799	27	5 061	50	860 347	92	200 457	70	14 803	65	21 679	89	26
25	10	.	.	.	.	43 981	11	.	.	2 511 576	42	480 874	09	8 083	52	39 252	26	27
26	.	.	.	.	.	56 988	02	1 042	93	1 457 687	84	266 769	49	7 669	52	31 655	41	28
.	.	.	.	.	.	13 212	39	.	.	15 702	15	25 529	50	.	.	2 055	20	29
.	.	.	.	.	.	2 627 607	63	2 999 767	37	5 652 447	86	.	.	.	.	.	.	30
.	.	.	.	.	.	13 245	08	177 810	75	191 055	83	.	.	.	.	.	.	31
2 806	99	60 283	06	2 540	84	7 404 681	01	10 604 286	29	192 433 700	20	21 959 483	93	463 193	94	2 082 861	70	

Anmerkung zu Spalte 13: Darunter 2 615 000 RM Anteil an der Reichsentschädigung für verlorenen Staatsbesitz und 37 116 RM 40 Rpf Reichsentschädigung für die Instandsetzung der beschlagnahmt gewesenen Dienstgebäude im besetzten Gebiete.

Laufende Nummer	Regierungsbezirk	Dauernde													
		Andere persönliche													
		Hilfsleistungen durch nichtbeamtete Kräfte				Besatzungszulagen usw. an Beamte usw.		Unterstützungen für Beamte		Notstandsbeihilfen für Beamte usw.		Unterhaltszuschüsse an Beamte im Vorbereitungsdienste		Wirtschaftsvorschüsse an Forstbeamte und Pauschbeitrag z. d. Versorgungsgebürnissen usw.	
		Vergütungen usw. an außerplanmäßige Forstkassenverwalter und an Untererheber		Vergütungen für nebenamtliche Waldwärter usw., sowie für sonstige Hilfskräfte i. Forstverwaltungs- und Forstbetriebsdienst und Abfindungssummen an ausscheidende Angestellte											
		RM	Rpf	RM	Rpf	RM	Rpf	RM	Rpf	RM	Rpf	RM	Rpf	RM	Rpf
		19		20		21		22		23		24		25	
1	Königsberg (m. Marienw.)	12 367	99	47 160	11	.	.	11 680	.	10 224	.	4 403	50	82 680	.
2	Gumbinnen	9 750	.	67 937	15	.	.	12 388	.	13 392	.	6 393	05	91 850	.
3	Allenstein	10 170	.	99 856	03	.	.	17 650	.	10 313	.	5 262	30	72 062	70
4	Schneidemühl	2 400	.	26 526	79	.	.	7 350	.	9 783	10	673	05	37 600	.
5	Potsdam	22 417	28	101 865	52	.	.	15 600	.	18 416	.	23 482	22	41 225	.
6	Frankfurt a. O.	11 186	79	108 721	33	.	.	14 300	.	15 097	70	4 081	65	96 400	.
7	Stettin	7 888	85	74 627	80	.	.	7 931	.	11 493	.	2 968	40	17 050	.
8	Köslin	3 984	.	25 631	35	.	.	6 285	.	8 434	.	1 611	90	73 455	.
9	Stralsund	5 936	50	13 745	29	.	.	2 700	.	2 802	.	2 124	45	11 500	.
10	Breslau (mit Liegnitz) . .	5 465	12	17 091	59	.	.	7 000	.	9 881	.	7 875	90	38 650	.
11	Oppeln	.	.	35 340	29	.	.	4 980	.	5 444	.	1 749	50	40 950	.
12	Magdeburg	3 361	64	31 692	14	.	.	4 560	.	6 472	.	2 306	20	11 290	.
13	Merseburg	5 846	56	16 415	23	.	.	8 935	.	9 803	.	2 102	40	21 290	.
14	Erfurt	4 455	21	27 023	41	.	.	5 000	.	3 091	50	1 497	65	13 530	.
15	Schleswig	12 717	.	3 433	77	.	.	3 350	.	4 966	.	769	30	16 050	.
16	Hannover (mit Osnabrück)	4 135	50	15 644	88	.	.	7 197	67	12 600	.	3 404	45	39 325	.
17	Hildesheim	4 272	50	26 043	44	.	.	12 200	.	15 586	.	8 482	38	37 810	.
18	Lüneburg	11 797	75	10 292	77	.	.	7 700	.	8 663	85	1 257	80	20 950	.
19	Stade (mit Aurich) . . .	1 350	.	314	90	.	.	2 850	.	2 633	.	317	.	19 050	.
20	Minden (mit Münster) . .	2 904	.	15 162	49	.	.	3 800	.	5 089	.	561	95	22 480	.
21	Arnsberg	9 210	.	17 427	89	.	.	2 600	.	3 300	.	69	25	3 730	.
22	Kassel	36 711	29	69 705	71	.	.	24 920	.	25 771	.	23 000	20	58 145	.
23	Wiesbaden	22 175	20	10 689	30	5 297	53	12 352	.	10 248	.	1 821	30	31 930	.
24	Koblenz	16 864	67	7 547	11	5 895	51	8 200	.	5 917	.	383	66	14 700	.
25	Düsseldorf	.	.	4 383	83	2 477	83	1 450	.	951	.	274	50	5 200	.
26	Köln	.	.	.	.	2 078	56	1 170	.	1 130	.	.	.	2 000	.
27	Trier	3 105	.	9 334	20	7 472	44	5 396	50	4 176	.	306	15	7 700	.
28	Aachen	.	.	4 067	43	4 337	51	1 966	.	715	05	372	60	15 950	.
29	Sigmaringen	.	.	1 224	07	.	.	600	.		.	181	30	975	.
30	Generalstaatskasse	.	.	.	.	.	.	*107 251*	*17*	224	.	.	.	6 660 085	.
31	Bau- und Finanzdirektion	.	.	.	.	.	.	.	.	3 711	.	.	.	.	.
	Zusammen	230 472	85	888 905	82	27 559	38	114 860	.	240 327	20	107 734	01	7 605 612	70

Anm. zu Sp. 22: Die schräge Zahl ist eine Minuszahl (Umbuchung infolge Übernahme auf die außerplanmäßigen Ausgaben).

Anm. zu Sp. 25: Davon 6669585 RM Pauschbeitrag zu den Versorgungsgebührnissen und 936027 RM 70 Rpf Wirtschaftsvorschüsse an Forstbeamte.

Ausgaben

Ausgaben		Dienstaufwandsentsch., Dienstkostenersatz, Dienstkleidungszuschüsse u. Zuschüsse z. d. Kosten der Unterhaltung von Fahr-																		
Summe der persönlichen Ausgaben ausschl. der Besoldung der planmäßigen Beamten (Sp. 17 bis 25)		Dienstaufwandsentschädigungen				Dienstkostenersatz für Oberförster		Dienstaufwandsentschädigungen				Dienstkostenersatz für Forstverwalter, Revierförster, Forstsekretäre und Förster		Dienstkleidungszuschüsse		Ankauf von Dienstfuhrwerken		Zuschuß zu den Kosten der Unterhaltung von Fahrrädern und Schneeschuhen		Laufende Nummer
		für Oberforstmeister und Regierungs- u. Forsträte		für Oberförster				für Forstoberrentmeister und Forstrentmeister		für Forstverwalter, Revierförster, Forstsekretäre und Förster										
RM	Rpf	RM	Rpf	RM	Rpf	RM	Rpf	RM	Rpf	RM	Rpf	RM	Rpf	RM	Rpf	RM	Rpf	RM	Rpf	
26		27		28		29		30		31		32		33		34		35		
302 878	50	9 031	23	2 905	98	71 636	76	5 924	36	12 475	96	26 702	95	8 720	50	17 412	65	300	.	1
323 722	25	8 507	35	2 640	.	72 828	26	8 856	29	11 299	94	11 924	73	8 201	.	3 525	.	1 450	.	2
322 629	95	9 403	11	4 238	90	108 896	07	7 828	41	18 127	03	13 271	32	10 522	.	15 796	75	1 242	50	3
175 848	54	7 905	65	2 640	.	66 628	88	7 119	60	10 402	50	2 962	80	6 984	50	16 225	85	1 300	.	4
440 528	37	14 470	15	5 000	.	150 963	24	8 799	62	19 085	34	15 184	36	13 775	50	36 925	90	2 659	26	5
464 797	58	12 140	90	5 040	.	141 327	10	15 438	66	20 518	50	16 967	47	14 573	99	20 815	60	235	28	6
226 368	13	8 516	.	3 200	.	81 105	83	6 981	47	11 118	.	2 523	95	8 799	93	10 235	91	500	.	7
200 112	80	5 835	60	2 200	.	60 800	39	1 263	97	9 033	25	11 258	65	5 897	95	21 181	08	100	.	8
74 754	94	731	.	800	.	20 624	17	2 634	62	4 052	50	9 730	67	2 607	50	900	.	400	.	9
224 683	38	7 288	86	2 200	.	60 621	54	3 266	51	10 563	50	2 396	81	7 992	10	16 187	39	700	.	10
198 984	56	6 100	.	1 800	.	41 641	41	4 290	81	7 690	.	4 324	35	6 004	15	7 800	.	900	.	11
110 061	55	4 954	65	1 815	.	47 575	56	5 231	40	7 950	97	35	69	5 045	89	8 416	.	130	.	12
140 649	94	7 349	65	2 400	.	60 133	12	5 358	77	9 810	.	3 382	11	6 934	85	4 726	85	980	.	13
122 308	72	3 088	30	1 560	.	27 179	20	891	71	6 379	16	347	25	3 946	50	7 500	.	100	.	14
82 383	14	3 268	75	1 500	.	23 668	84	.	.	4 306	60	3 179	90	3 001	85	16 328	20	600	.	15
168 979	64	7 479	13	3 060	.	80 010	57	931	10	10 845	34	14 417	05	7 265	03	23 629	97	1 390	.	16
248 265	26	15 367	65	5 200	.	120 017	10	5 971	38	15 870	.	3 812	47	10 665	65	19 285	35	1 000	.	17
141 166	18	6 176	76	2 520	.	65 694	05	.	.	9 130	.	8 036	55	6 226	50	9 734	50	900	.	18
52 400	80	2 500	45	1 000	.	21 324	31	.	.	3 400	.	274	74	2 143	50	8 029	72	300	.	19
99 106	69	4 352	65	1 500	.	38 034	34	1 820	77	5 844	16	2 832	23	3 909	.	9 126	10	297	.	20
67 335	59	5 265	10	1 500	.	29 306	53	920	71	3 800	.	348	20	2 336	.	7 176	.	100	.	21
466 657	93	22 743	35	9 840	.	261 131	60	4 909	04	33 381	04	1 759	97	21 196	98	61 981	90	900	.	22
194 085	07	15 542	25	6 711	91	147 782	76	2 751	17	11 232	54	949	05	7 468	04	61 853	20	350	.	23
113 440	05	10 262	42	1 500	.	49 765	05	.	.	6 814	15	270	90	4 045	66	21 950	20	216	.	24
43 151	95	1 240	.	500	.	13 654	42	801	48	3 200	.	133	10	1 995	50	9 982	50	225	.	25
42 862	10	1 262	70	800	.	6 540	83	.	.	2 290	.	214	10	1 573	50	6 720	30	200	.	26
84 826	07	8 939	60	1 440	.	40 028	77	.	.	6 382	43	1 812	45	3 640	.	33 634	35	95	.	27
66 733	52	1 902	50	900	.	21 548	22	.	.	3 550	.	168	46	2 144	75	16 078	.	200	.	28
5 035	57	157	35	450	.	2 340	92	.	.	169	17	.	.	140	.	.	.	.	.	29
6 553 057	83	.	.	*338*	*90*	.	.	.	.	.	.	.	.	.	.	.	.	.	.	30
3 711	.	.	.	.	.	.	.	.	.	.	.	.	.	.	.	.	.	.	.	31
11 761 527	60	211 783	11	76 522	89	1 932 809	84	101 991	85	278 722	08	159 222	28	187 758	32	493 159	27	17 770	04	

Anmerkung zu Spalte 28: Die schräge Zahl ist eine Minuszahl (Umbuchung).

Laufende Nummer	Regierungsbezirk	rädern usw.		Dauernde Sächliche											
		Dienstaufwandsentschädigungen usw. zusammen (Sp. 27 bis 35)		Werben und Verbringen von Holz und anderen Forsterzeugnissen		Unterhaltung und Neubau der Gebäude und Beschaffung fehlender Gebäude		Unterhaltung und Neubau der öffentlichen Wege innerhalb der Forsten		Beihilfen zu Wege- und Brückenbauten und zur Anlegung von Eisenbahngüterhaltestellen außerhalb der Forsten		Wasserbauten in den Forsten		Forstkulturen und Bau der Wirtschaftswege usw.	
		RM	Rpf	RM	Rpf	RM	Rpf	RM	Rpf	RM	Rpf	RM	Rpf	RM	Rpf
		36		37		38		39		40		41		42	
1	Königsberg (m. Marienw.)	155 110	39	959 547	95	334 566	62	235 515	42	15 750	.	15 919	55	710 180	03
2	Gumbinnen	129 232	57	929 620	55	228 173	42	321 704	01	38 690	88	9 800	.	739 981	56
3	Allenstein	189 326	09	2 867 368	58	319 092	21	513 126	60	20 516	14	46	55	1 355 063	38
4	Schneidemühl	122 169	78	1 015 674	17	220 892	49	121 860	74	12 000	.	.	.	738 306	30
5	Potsdam	266 863	37	2 420 661	93	364 540	19	351 982	29	10 080	60	54 652	27	1 596 487	94
6	Frankfurt a. O.	247 057	50	6 970 794	42	370 122	06	304 086	67	13 900	.	9 340	13	1 436 232	67
7	Stettin	132 981	09	2 898 713	97	195 345	24	113 211	59	16 200	.	1 107	03	1 163 211	57
8	Köslin	117 570	89	726 149	74	164 964	45	192 745	08	60 930	.	100	.	567 835	85
9	Stralsund	42 480	46	294 844	14	102 456	74	20 685	43	.	.	5 608	87	220 934	76
10	Breslau (mit Liegnitz)	111 216	71	2 448 531	70	163 668	72	190 552	64	119 685	49	6 221	30	995 934	67
11	Oppeln	80 550	72	597 923	41	141 647	93	102 362	53	3 537	44	11 522	23	303 885	14
12	Magdeburg	81 155	16	504 396	89	121 126	93	46 782	04	.	.	500	.	482 737	29
13	Merseburg	101 075	35	698 978	29	280 753	23	101 816	69	3 651	.	1 453	51	694 084	72
14	Erfurt	50 992	12	872 111	39	105 156	79	93 211	65	16 227	.	1 707	82	269 250	89
15	Schleswig	55 854	14	371 018	17	41 645	14	17 156	02	250	.	130	.	199 461	07
16	Hannover (mit Osnabrück)	149 028	19	447 099	28	200 721	.	21 845	58	16 165	04	2 993	48	418 485	35
17	Hildesheim	197 189	60	1 987 682	09	294 377	72	255 339	99	10 803	56	10 421	14	1 189 453	46
18	Lüneburg	108 418	36	531 684	69	160 071	46	61 461	98	5 363	64	1 064	86	464 822	19
19	Stade (mit Aurich)	38 972	72	258 628	70	35 385	52	5 587	48	.	.	31	61	164 285	64
20	Minden (mit Münster)	67 716	25	641 639	04	173 823	55	148 727	48	2 490	.	.	.	348 988	32
21	Arnsberg	50 752	54	240 616	14	177 959	03	50 329	66	.	.	1 114	33	137 124	55
22	Kassel	417 843	88	3 115 985	13	582 996	23	182 478	72	21 094	.	11 767	30	1 227 546	79
23	Wiesbaden	254 640	92	901 734	08	279 795	71	52 068	38	13 350	77	1 201	76	545 038	53
24	Koblenz	94 824	38	398 269	98	91 127	51	155 141	47	1 800	.	.	.	428 561	31
25	Düsseldorf	31 732	.	125 324	20	46 005	32	60 017	48	.	.	.	.	173 864	72
26	Köln	19 601	43	109 192	38	28 237	17	60 325	94	.	.	.	.	86 584	05
27	Trier	95 972	60	462 758	26	130 531	85	183 263	99	9 810	.	.	.	392 184	15
28	Aachen	46 491	93	252 408	20	51 366	97	123 486	48	.	.	.	.	263 326	54
29	Sigmaringen	3 257	44	.	.	1 691	87	.	.	.	.	.	.	.	.
30	Generalstaatskasse	*338*	*90*	.	.	*2 815*	*81*	21 520	.	*5 520*	.	1 450	.	20 247	45
31	Bau- und Finanzdirektion	.	.	.	.	.	.	.	.	.	.	.	.	.	.
	Zusammen	3 459 739	68	34 049 357	47	5 405 427	26	4 108 394	03	406 775	56	148 153	74	17 334 100	89

Anmerkung zu den Spalten 36, 38 und 40: Die *schrägen Zahlen* sind Minuszahlen (Umbuchungen).

Ausgaben

Verwaltungs- und Betriebskosten

Verbesserung von Forstgrundstücken		Forstvermessungen und Betriebsregelungen		Jagdkosten		Torfgräbereien		Reisekosten einschl. Beschäftigungstagegelder		Umzugskosten und Zuschüsse zu den gesetzlichen Umzugskostenvergütungen		Umzugskostenbeihilfen		Wohnungsbeihilfen		Vertilgung schädlicher Tiere		Vorflutkosten, Feuer- und Grenzsicherungskosten		Laufende Nummer
RM	Rpf	RM	Rpf	RM	Rpf	RM	Rpf	RM	Rpf	RM	Rpf	RM	Rpf	RM	Rpf	RM	Rpf	RM	Rpf	
43		44		45		46		47		48		49		50		51		52		
214 873	74	2 125	40	18 448	38	250	24	7 422	60	21 924	37	5 075	60	615	.	39 061	68	94 078	87	1
261 944	21	8 866	30	31 989	40	15 301	02	10 071	74	27 010	15	4 436	.	112	.	69 056	76	161 506	05	2
432 543	05	4 106	09	17 653	52	721	75	7 087	35	16 685	01	7 216	45	.	.	168 509	72	75 038	24	3
301 558	95	1 578	82	21 992	48	.	.	4 052	50	13 292	52	3 443	40	876	.	181 771	83	49 303	82	4
253 297	96	14 711	76	38 754	93	.	.	20 180	59	22 870	50	9 262	36	742	.	88 319	58	54 145	23	5
144 507	52	1 098	89	27 865	62	.	.	14 007	32	34 768	81	4 522	90	.	.	156 515	13	56 160	22	6
141 710	54	2 245	09	11 308	13	.	.	10 582	33	9 554	31	1 507	50	1 238	20	17 139	56	93 863	80	7
180 274	47	4 065	48	11 416	88	.	.	5 783	32	10 647	82	9 122	90	.	.	46 404	39	28 539	17	8
9 313	48	619	01	4 410	48	.	.	1 443	37	7 947	36	109	.	.	.	11 245	55	29 163	25	9
72 912	56	5 788	44	14 715	14	.	.	5 495	25	19 218	83	5 893	79	424	.	111 276	40	34 622	69	10
22 927	32	3 490	47	7 293	65	.	.	3 993	80	5 875	10	2 955	30	444	.	9 520	45	33 001	22	11
19 174	95	2 808	34	9 050	78	.	.	3 649	71	9 383	57	2 326	15	.	.	26 093	37	39 529	98	12
66 620	74	4 173	20	10 611	45	.	.	5 390	48	13 171	84	2 474	25	1 332	80	23 355	36	39 524	55	13
6 685	10	1 802	99	2 814	71	.	.	3 438	40	8 163	84	11 400	11	.	.	3 159	15	3 117	.	14
4 417	01	1 697	54	5 796	85	2 289	66	2 188	93	8 838	20	1 497	80	171	.	164	86	9 367	72	15
6 559	82	3 617	09	10 918	93	696	47	3 978	80	22 534	87	6 087	80	.	.	6 747	33	16 575	34	16
15 373	41	4 297	63	33 742	35	.	.	4 466	05	17 569	31	7 794	83	1 271	55	7 717	51	6 062	82	17
27 043	08	4 678	70	12 670	24	2 494	52	4 001	48	19 796	95	5 385	75	.	.	2 325	99	47 680	03	18
41 847	35	37	75	3 113	50	82	51	1 577	85	2 786	56	5 453	37	134	40	5 765	90	7 339	13	19
.	.	2 142	08	4 827	73	.	.	3 543	15	10 168	01	3 036	.	1 953	40	8 135	15	10 831	72	20
179	03	2 535	75	1 309	28	.	.	1 646	54	1 624	25	2 679	80	.	.	238	61	686	10	21
34 567	46	6 657	77	39 337	84	100	.	16 765	89	37 635	77	12 606	48	564	50	3 826	63	6 325	28	22
21 910	43	1 948	10	7 284	29	.	.	6 151	35	15 403	62	3 558	95	1 648	.	1 479	24	5 568	14	23
8 101	08	888	48	2 041	15	.	.	5 789	01	14 456	19	3 733	35	4 671	64	6 053	89	3 141	73	24
.	.	520	71	871	44	.	.	1 579	83	5 207	58	188	.	.	.	.	.	8 504	85	25
875	87	110	.	1 257	53	.	.	1 053	84	1 065	85	1 296	.	.	.	165	.	1 731	94	26
1 236	83	750	12	11 388	20	.	.	2 858	09	4 950	04	7 105	89	265	50	534	76	2 153	34	27
489	21	2 599	73	2 534	36	.	.	2 326	27	3 963	05	2 099	20	368	40	762	77	11 025	58	28
.	.	.	.	.	.	.	.	146	35	1 407	71	400	.	.	.	.	.	.	.	29
.	.	5 639	.	.	.	859	.	10 585	54	.	.	.	.	.	.	.	.	.	.	30
.	.	.	.	.	.	.	.	.	.	.	.	.	.	.	.	.	.	.	.	31
2 290 945	17	95 600	73	365 419	24	22 795	17	171 257	73	387 921	99	132 668	93	16 832	39	995 346	57	928 587	81	

Laufende Nummer	Regierungsbezirk	Sächliche Verwaltungs- und Betriebskosten						Summe der Verwaltungs- und Betriebskosten (Sp. 16 + 26 + 36 + 55)		Dauernde					
										Besoldungen der planmäßigen Beamten		Forstein-			
												Andere persön-			
		Holzverkaufs- und Verpachtungskosten		Vermischte Ausgaben		Sächliche Verwaltungs- und Betriebskosten zusammen (Sp. 37 bis 54)						Hilfsleistungen durch Beamte		Hilfsleistungen durch nichtbeamtete Kräfte	
		Rpf	RM	RM	Rpf	RM	Rpf	RM	Rpf	RM	Rpf	RM	Rpf	RM	Rpf
		53		54		55		56		57		58		59	
1	Königsberg (m. Marienw.)	74 881	77	74 826	53	2 825 063	75	4 225 834	28	.	.	.	.	.	.
2	Gumbinnen	55 954	93	54 095	77	2 968 314	75	4 302 671	47	.	.	.	.	.	.
3	Allenstein	157 197	54	78 941	58	6 040 913	76	7 815 279	70	.	.	.	.	.	.
4	Schneidemühl	71 883	26	37 855	15	2 796 342	43	3 892 633	75	.	.	.	.	.	.
5	Potsdam	157 398	99	151 441	23	5 609 530	35	7 916 908	62	.	.	.	.	.	.
6	Frankfurt a. O.	385 169	63	102 599	66	10 031 691	65	12 374 364	56	.	.	.	.	.	.
7	Stettin	175 262	16	39 488	72	4 891 689	74	6 240 119	88	.	.	.	.	.	.
8	Köslin	39 957	67	36 369	90	2 085 307	12	3 069 533	63	.	.	.	.	.	.
9	Stralsund	29 124	05	23 643	89	761 549	38	1 183 221	78	.	.	.	.	.	.
10	Breslau (mit Liegnitz)	118 859	39	38 032	.	4 351 833	01	5 529 707	.	.	.	.	.	.	.
11	Oppeln	51 879	68	21 543	85	1 323 803	52	2 231 836	10	.	.	.	.	.	.
12	Magdeburg	65 049	21	24 066	48	1 356 675	69	2 190 186	56	48 203	.	59 457	25	34 710	44
13	Merseburg	97 526	35	27 801	22	2 072 719	68	3 142 186	37	.	.	.	.	.	.
14	Erfurt	85 978	56	19 915	04	1 504 140	44	2 111 804	28	.	.	.	.	.	.
15	Schleswig	32 221	54	15 942	47	714 253	98	1 203 932	29	.	.	.	.	.	.
16	Hannover (mit Osnabrück)	52 661	85	25 662	70	1 263 350	73	2 451 719	67	.	.	.	.	.	.
17	Hildesheim	156 263	57	60 187	08	4 062 824	07	5 789 668	31	.	.	.	.	.	.
18	Lüneburg	57 114	74	34 985	42	1 442 645	72	2 413 991	93	.	.	.	.	.	.
19	Stade (mit Aurich)	19 535	88	8 252	13	559 845	28	899 781	70	.	.	.	.	.	.
20	Minden (mit Münster)	66 000	87	20 002	03	1 446 308	53	2 082 079	23	.	.	.	.	.	.
21	Arnsberg	26 089	36	14 890	91	659 023	34	1 075 239	46	.	.	.	.	.	.
22	Kassel	195 963	58	128 960	18	5 625 179	55	9 044 997	58	45 738	50	67 929	44	21 725	40
23	Wiesbaden	70 545	97	51 732	16	1 980 419	48	3 452 613	52	.	.	.	.	.	.
24	Koblenz	32 055	63	21 725	45	1 177 557	87	1 866 986	10	.	.	.	.	.	.
25	Düsseldorf	16 927	04	9 011	68	448 022	85	777 618	74	.	.	.	.	.	.
26	Köln	15 159	08	7 131	04	314 185	69	577 106	92	.	.	.	.	.	.
27	Trier	31 843	51	27 412	16	1 269 046	69	1 930 719	45	.	.	.	.	.	.
28	Aachen	19 134	36	15 476	05	751 367	17	1 131 362	11	.	.	.	.	.	.
29	Sigmaringen	.	.	1 798	54	5 444	47	39 266	98	.	.	.	.	.	.
30	Generalstaatskasse		.	52 046	02	104 011	20	6 656 730	13	.	.	.	.	.	.
31	Bau- und Finanzdirektion	.	.	1 027	72	1 027	72	4 738	72	52 023	13	66 142	86	70 048	52
	Zusammen	2 357 640	17	1 226 864	76	70 444 089	61	107 624 840	82	145 964	63	193 529	55	126 484	36

Ausgaben

richtungsanstalten

liche Ausgaben.				Sonstige (sächliche) Ausgaben								Allgemeine Ausgaben								
Unterstützungen für Beamte		Andere persönliche Ausgaben zusammen (Sp. 58 bis 60)		Reisekosten, Umzugskosten, Umzugskostenbeihilfen, Wohnungsbeihilfen		Geschäftsbedürfnisse und sonstige vermischte Ausgaben		Summe (Sp. 62+63)		Summe der persönlichen und sächlichen Ausgaben (Sp. 57+61+64)		Grund- und Gemeindelasten		Ablösungsrenten und zeitweise Vergütungen an Stelle von Naturalabgaben		Gesetzliche Kosten der Unfallversicherung und Unfallfürsorge sowie Beiträge zum Ruhegehaltskassenverbande für Gemeindeforstbetriebsbeamte im Regierungsbezirke Wiesbaden		Unterstützungen für Beamte i. R., Wartegeldempfänger und Hinterbliebene		Laufende Nummer
RM	Rpf	RM	Rpf	RM	Rpf	RM	Rpf	RM	Rpf	RM	Rpf	RM	Rpf	RM	Rpf	RM	Rpf	RM	Rpf	
60		61		62		63		64		65		66		67		68		69		
.	.	.	.	.	.	.	.	.	.	.	.	771 126	97	2 090	72	27 830	40	14 586	80	1
.	.	.	.	.	.	.	.	.	.	.	.	662 067	40	212	05	24 782	83	16 995	50	2
.	.	.	.	.	.	.	.	.	.	.	.	1 526 350	78	91	80	36 419	11	7 076	.	3
.	.	.	.	.	.	.	.	.	.	.	.	578 647	25	335	.	7 210	06	7 439	20	4
.	.	.	.	.	.	.	.	.	.	.	.	940 637	36	431	50	37 525	48	29 899	67	5
.	.	.	.	.	.	.	.	.	.	.	.	872 044	18	.	.	37 061	12	17 753	.	6
.	.	.	.	.	.	.	.	.	.	.	.	618 980	78	6 899	33	19 204	26	7 120	.	7
.	.	.	.	.	.	.	.	.	.	.	.	586 637	96	.	.	13 659	26	4 040	.	8
.	.	.	.	.	.	.	.	.	.	.	.	126 239	21	.	.	5 523	77	2 676	.	9
.	.	.	.	.	.	.	.	.	.	.	.	527 170	11	.	.	21 985	61	15 502	.	10
.	.	.	.	.	.	.	.	.	.	.	.	399 084	80	.	.	11 675	62	6 999	.	11
2 325	.	96 492	69	19 691	75	20 123	16	39 814	91	184 510	60	280 745	56	.	.	16 458	27	9 220	.	12
.	.	.	.	.	.	.	.	.	.	.	.	464 646	44	.	.	12 508	63	7 886	.	13
.	.	.	.	.	.	.	.	.	.	.	.	276 722	02	1 544	69	12 732	65	4 177	.	14
.	.	.	.	.	.	.	.	.	.	.	.	157 274	12	846	92	8 591	85	4 447	.	15
.	.	.	.	.	.	.	.	.	.	.	.	237 886	43	.	.	17 342	13	13 776	.	16
.	.	.	.	.	.	.	.	.	.	.	.	615 983	33	212 880	86	26 497	05	11 013	.	17
.	.	.	.	.	.	.	.	.	.	.	.	292 304	73	2 020	89	7 113	73	3 872	.	18
.	.	.	.	.	.	.	.	.	.	.	.	131 470	96	.	.	5 602	22	1 488	.	19
.	.	.	.	.	.	.	.	.	.	.	.	183 598	96	.	.	12 814	87	1 770	88	20
.	.	.	.	.	.	.	.	.	.	.	.	146 392	84	.	.	5 005	76	1 852	.	21
170	.	89 824	84	16 709	48	15 853	68	32 563	16	168 126	50	618 120	37	68	10	50 655	39	36 844	50	22
.	.	.	.	.	.	.	.	.	.	.	.	221 104	80	.	.	17 105	12	10 968	.	23
.	.	.	.	.	.	.	.	.	.	.	.	106 248	07	.	.	4 970	43	4 924	.	24
.	.	.	.	.	.	.	.	.	.	.	.	152 398	94	.	.	2 405	10	1 768	.	25
.	.	.	.	.	.	.	.	.	.	.	.	98 092	65	.	.	717	69	2 234	.	26
.	.	.	.	.	.	.	.	.	.	.	.	169 257	20	64 783	80	10 801	09	3 083	.	27
.	.	.	.	.	.	.	.	.	.	.	.	118 990	77	.	.	3 911	.	2 664	.	28
.	.	.	.	.	.	.	.	.	.	.	.	1 225	20	.	.	.	.	.	.	29
2 505	.	*2 505*	.	.	.	.	.	.	.	*2 505*	.	.	.	.	.	2 889	60	*110*	.	30
550	.	136 741	38	23 457	50	11 680	74	35 138	24	223 902	75	.	.	.	.	.	.	23 200	.	31
540	.	320 553	91	59 858	73	47 657	58	107 516	31	574 034	85	11 881 450	19	292 205	66	461 000	10	275 164	55	

Anmerkung zu den Spalten 60, 61, 65 und 69: Die schrägen Zahlen sind Minuszahlen (Umbuchungen).

Laufende Nummer	Regierungsbezirk	Dauernde													
		Allgemeine Ausgaben								Forstwissenschaftliche und					
												Andere			
		Unterstützungen für Angestellte u. Arbeiter sowie für ausgeschiedene Angestellte und Arbeiter und ihre Hinterbliebenen		Kosten der Armenpflege		Summe der allgemeinen Ausgaben (Sp. 66 bis 71)		Summe der dauernden Betriebsausgaben (Sp. 56 + 65 + 72		Besoldungen		Hilfsleistungen durch Beamte		Hilfsleistungen durch nichtbeamtete Kräfte	
		RM	Rpf	RM	Rpf	RM	Rpf	RM	Rpf	RM	Rpf	RM	Rpf	RM	Rpf
		70		71		72		73		74		75		76	
1	Königsberg (m. Marienw.)	3 211	.	31 095	16	849 941	05	5 075 775	33	.	.	.	.	.	.
2	Gumbinnen	7 814	50	1 759	33	713 631	61	5 016 303	08	.	.	.	.	.	.
3	Allenstein	7 914	.	4 377	17	1 582 228	86	9 397 508	56	.	.	.	.	.	.
4	Schneidemühl	4 332	.	4 237	50	602 201	01	4 494 834	76	.	.	.	.	.	.
5	Potsdam	6 884	.	3 111	77	1 018 489	78	8 935 398	40	a) 121 205 b) 2 122	88 40	a) 33 882 b) 7 020	29 30	a) 19 649 b) 2 886	99 48
6	Frankfurt a. O.	6 307	60	5 267	64	938 433	54	13 312 798	10	.	.	.	.	.	.
7	Stettin	5 334	.	524	66	658 063	03	6 898 182	91	.	.	.	.	.	.
8	Köslin	1 593	.	1 236	35	607 166	57	3 676 700	20	.	.	.	.	.	.
9	Stralsund	1 000	.	525	28	135 964	26	1 319 186	04	.	.	.	.	.	.
10	Breslau (mit Liegnitz) . .	3 673	.	714	98	569 045	70	6 098 752	70	.	.	.	.	.	.
11	Oppeln	2 145	.	258	30	420 162	72	2 651 998	82	.	.	.	.	.	.
12	Magdeburg	2 235	.	107	96	308 766	79	2 683 463	95	.	.	.	.	.	.
13	Merseburg	2 844	.	.	.	487 885	07	3 630 071	44	.	.	.	.	.	.
14	Erfurt	1 600	.	.	.	296 776	36	2 408 580	64	.	.	.	.	.	.
15	Schleswig	1 750	.	473	65	173 383	54	1 377 315	83	.	.	.	.	.	.
16	Hannover (mit Osnabrück)	3 435	.	.	.	272 439	56	2 724 159	23	.	.	.	.	.	.
17	Hildesheim	4 797	.	41 010	.	912 181	24	6 701 849	55	138 132	75	25 124	40	16 383	20
18	Lüneburg	2 922	.	917	80	309 151	15	2 723 143	08	.	.	.	.	.	.
19	Stade (mit Aurich) . . .	900	.	.	.	139 461	18	1 039 242	88	.	.	.	.	.	.
20	Minden (mit Münster) . .	1 771	67	.	.	199 956	38	2 282 035	61	.	.	.	.	.	.
21	Arnsberg	1 500	.	.	.	154 750	60	1 229 990	06	.	.	.	.	.	.
22	Kassel	9 019	.	.	.	714 707	36	9 927 831	44	.	.	.	.	100	.
23	Wiesbaden	2 575	.	.	.	251 752	92	3 704 366	44	.	.	.	.	322	01
24	Koblenz	2 784	.	.	.	118 926	50	1 985 912	60	.	.	.	.	.	.
25	Düsseldorf	719	.	.	.	157 291	04	934 909	78	.	.	.	.	.	.
26	Köln	800	.	.	.	101 844	34	678 951	26	.	.	.	.	.	.
27	Trier	2 515	.	.	.	250 440	09	2 181 159	54	.	.	.	.	.	.
28	Aachen	1 190	.	.	.	126 755	77	1 258 117	88	.	.	.	.	.	.
29	Sigmaringen	.	.	.	.	1 225	20	40 492	18	.	.	.	.	.	.
30	Generalstaatskasse	*19 394*	*77*	.	.	*16 615*	*17*	6 637 609	96	.	.	.	.	.	.
31	Bau- und Finanzdirektion	830	.	.	.	24 030	.	252 671	47	.	.	.	.	.	.
	Zusammen	75 000	.	95 617	55	13 080 438	05	121 279 313	72	261 461	03	66 026	99	39 341	68

Anmerkung zu den Spalten 70 und 72: Die schrägen Zahlen sind Minuszahlen infolge von Umbuchungen.

Anmerkung zu den Angaben in den Spalten 74 bis 84 für den Regierungsbezirk Potsdam: Die Zahlen unter a stellen die Ausgaben der Forstlichen Hochschule in Eberswalde, die Zahlen unter b die Ausgaben der Forstlichen Versuchsanstalt in Eberswalde dar.

Ausgaben

Lehrzwecke (Forsthochschulen, Forstschulen und Forstliche Versuchsanstalt)

persönliche Ausgaben						Sonstige Ausgaben								Summe der Ausgaben für forstwissenschaftliche und Lehrzwecke (Sp. 74 + 79 + 83)		Betrag der dauernden Ausgaben (Sp. 73 + 84)		Laufende Nummer
Amtsvergütung für Rektoren, Unterrichtshonorare und Vergütungen für Vorlesungen, die nicht von den ordentlichen Professoren gehalten werden		Unterstützungen für Beamte		Zusammen (Sp. 75 bis 78)		Unterhaltung der Gebäude		Vermischte Ausgaben		Forstwissenschaftliche Untersuchungen		Zusammen (Sp. 80 bis 82)						
RM	RM	RM	Rpf	RM	Rpf	RM	Rpf	RM	Rpf	RM	Rpf	RM	Rpf	RM	Rpf	RM	Rpf	
77		78		79		80		81		82		83		84		85		
.	.	.	.	.	.	.	.	.	.	.	.	.	.	.	.	5 075 775	33	1
.	.	.	.	.	.	.	.	.	.	.	.	.	.	.	.	5 016 303	08	2
.	.	.	.	.	.	.	.	.	.	.	.	.	.	.	.	9 397 508	56	3
.	.	.	.	.	.	.	.	.	.	.	.	.	.	.	.	4 494 834	76	4
a) 12 893	40	a) 540	.	a) 66 965	68	a) 9 296	21	a) 67 671	98	a) 3 010	80	a) 79 978	99	a) 268 150	55	9 231 527	79	5
b) .	.	b) .	.	b) 9 906	78	b) 1 297	50	b) 6 948	45	b) 7 703	71	b) 15 949	66	b) 27 978	84			
.	.	.	.	.	.	8 899	89	.	.	.	.	8 899	89	8 899	89	13 321 697	99	6
.	.	.	.	.	.	.	.	.	.	.	.	.	.	.	.	6 898 182	91	7
.	.	.	.	.	.	.	.	.	.	.	.	.	.	.	.	3 676 700	20	8
.	.	.	.	.	.	.	.	.	.	.	.	.	.	.	.	1 319 186	04	9
.	.	.	.	.	.	.	.	.	.	.	.	.	.	.	.	6 098 752	70	10
.	.	.	.	.	.	.	.	.	.	.	.	.	.	.	.	2 651 998	82	11
.	.	.	.	.	.	.	.	.	.	.	.	.	.	.	.	2 683 463	95	12
.	.	.	.	.	.	.	.	.	.	.	.	.	.	.	.	3 630 071	44	13
.	.	.	.	.	.	.	.	.	.	.	.	.	.	.	.	2 408 580	64	14
.	.	.	.	.	.	.	.	.	.	.	.	.	.	.	.	1 377 315	83	15
.	.	.	.	.	.	.	.	.	.	.	.	.	.	.	.	2 724 159	23	16
10 655	70	75	.	52 238	30	16 649	92	67 253	79	6 960	03	90 863	74	281 234	79	6 983 084	34	17
.	.	.	.	.	.	.	.	.	.	.	.	.	.	.	.	2 723 143	08	18
.	.	.	.	.	.	.	.	.	.	.	.	.	.	.	.	1 039 242	88	19
.	.	.	.	.	.	.	.	.	.	.	.	.	.	.	.	2 282 035	61	20
.	.	.	.	.	.	.	.	.	.	.	.	.	.	.	.	1 229 990	06	21
.	.	.	.	100	.	5 557	14	513	34	.	.	6 070	48	6 170	48	9 934 001	92	22
.	.	.	.	322	01	11 983	07	1 642	.	.	.	13 625	07	13 947	08	3 718 313	52	23
.	.	.	.	.	.	.	.	.	.	.	.	.	.	.	.	1 985 912	60	24
.	.	.	.	.	.	.	.	.	.	.	.	.	.	.	.	934 909	78	25
.	.	.	.	.	.	.	.	.	.	.	.	.	.	.	.	678 951	26	26
.	.	.	.	.	.	.	.	.	.	.	.	.	.	.	.	2 181 159	54	27
.	.	.	.	.	.	.	.	.	.	.	.	.	.	.	.	1 258 117	88	28
.	.	.	.	.	.	.	.	.	.	.	.	.	.	.	.	40 492	18	29
.	.	5	.	5	.	.	.	1 900	.	.	.	1 900	.	1 905	.	6 639 514	96	30
.	.	.	.	.	.	.	.	.	.	.	.	.	.	.	.	252 671	47	31
23 549	10	620	.	129 537	77	53 683	73	145 929	56	17 674	54	217 287	83	608 286	63	121 887 600	35	

Laufende Nummer	Regierungsbezirk	Reinertrag ohne Berücksichtigung der einmaligen Ausgaben (Sp. 15 weniger 85)		Prozent des Rohertrages (Sp. 15)	Einmalige: Ablösung von Forstberechtigungen Grundlasten und Schuldenrenten		Anlauf von Grundstücken zu den Forsten		Erste Einrichtung von Grundstücken zu den Forsten		Beschaffung von Insthäusern für Arbeiter	
		RM	Rpf		RM	Rpf	RM	Rpf	RM	Rpf	RM	Rpf
		86		87	88		89		90		91	
1	Königsberg (m. Marienw.)	*186 546*	*59*	.	.	.	200 689	92	50 712	82	.	.
2	Gumbinnen	*1 247 330*	*47*	.	4 500	.	160 974	79	6 884	64	61 835	36
3	Allenstein	7 800 295	91	45	.	.	649 919	90	13 767	04	39 801	95
4	Schneidemühl	642 366	36	13	.	.	126 187	50	623	72	.	.
5	Potsdam	10 713 403	70	54	.	.	323 195	03	164 706	63	3 600	.
6	Frankfurt a. O.	17 550 899	42	57	2 000	.	104 309	10	36 921	10	20 408	91
7	Stettin	7 763 691	46	53	.	.	47 373	30	15 559	03	23 809	07
8	Köslin	*1 355 273*	*48*	.	21 769	50	1 320 947	45	57 387	57	16 386	03
9	Stralsund	440 539	61	25	.	.	7 900	.	14 004	92	.	.
10	Breslau (mit Liegnitz)	2 687 685	.	31	118 930	.	152 146	47	22 386	17	3 232	35
11	Oppeln	1 699 314	29	39	.	.	35 000	.	.	.	.	.
12	Magdeburg	1 359 060	29	34	.	.	.	.	.	.	.	.
13	Merseburg	2 772 170	09	43	.	.	72 257	90	6 935	69	.	.
14	Erfurt	3 072 686	45	56	2 000	.	17 242	28	15 802	.	.	.
15	Schleswig	877 611	76	39	5 000	.	74 562	07	1 500	.	.	.
16	Hannover (mit Osnabrück)	1 037 951	32	28	.	.	34 805	15	699	61	13 818	60
17	Hildesheim	4 767 479	79	41	290 000	.	29 495	36	33 741	90	.	.
18	Lüneburg	1 477 585	10	35	.	.	411 153	55	2 390	73	.	.
19	Stade (mit Aurich)	548 697	53	35	.	.	.	.	.	.	.	.
20	Minden (mit Münster)	2 175 205	15	49	.	.	16 000	.	5 999	48	.	.
21	Arnsberg	973 777	25	44	.	.	41 480	53	.	.	.	.
22	Kassel	4 130 814	40	29	.	.	42 897	70	1 800	.	.	.
23	Wiesbaden	739 936	36	17	.	.	49 584	90	999	73	.	.
24	Koblenz	42 090	22	2	2 733	15	130 597	70	19 616	10	.	.
25	Düsseldorf	424 078	20	31	.	.	28 000	.	.	.	.	.
26	Köln	181 396	66	21	.	.	32 241	39	6 544	98	.	.
27	Trier	330 416	88	13	.	.	60 159	98	2653	07	.	.
28	Aachen	199 569	96	14	.	.	.	.	.	.	.	.
29	Sigmaringen	*24 790*	*03*	.	.	.	24 000	.	729	91	.	.
30	Generalstaatskasse	*987 067*	*10*	.	.	.	.	.	2 815	81	.	.
31	Bau- und Finanzdirektion	*61 615*	*64*	.	.	.	.	.	157 838	62	.	.
	Zusammen	70 546 099	85	37	446 932	65	4 193 121	97	643 021	27	182 892	27

Anmerkung zu Spalte 86: Die schrägen Zahlen sind Minuszahlen.

Ausgaben														
Herstellung von Fernsprech-anlagen		Kosten der ersten Einrichtung der Ländereien im Tawellningker, Oboliner und Laukne-Polder		Summe der einmaligen Ausgaben (Sp. 88 bis 93)		Außer-planmäßige Ausgaben		Summe aller Ausgaben (Sp. 85 + 94 + 95)		Bleibt Reinertrag (Spalte 15 weniger 96) (Die schrägen Zahlen sind Minuszahlen)		Der Reinertrag (Spalte 97) beträgt wieviel vom Hundert des Rohertrages (Sp. 15)	Laufende Nummer
RM	Rpf	RM	Rpf	RM	Rpf	RM	Rpf	RM	Rpf	RM	Rpf	?	
92		93		94		95		96		97		98	
1 454	88	622 064	50	874 922	12	29 270	.	5 979 967	45	*1 090 738*	*71*	.	1
441	94	168 978	21	403 614	94	46 590	.	5 466 508	02	*1 697 535*	*41*	.	2
5 203	93	.	.	708 692	82	48 460	.	10 154 661	38	7 043 143	09	41	3
1 097	38	.	.	127 908	60	20 910	.	4 643 653	36	493 547	76	10	4
1 995	37	.	.	493 497	03	19 000	.	9 744 024	82	10 200 906	67	51	5
5 519	95	.	.	169 159	06	18 110	.	13 508 967	05	17 363 630	36	56	6
4 812	96	.	.	91 554	36	7 300	.	6 997 037	27	7 664 837	10	52	7
2 753	38	.	.	1 419 243	93	2 427 820	.	7 523 764	13	*5 202 337*	*41*	.	8
524	98	.	.	22 429	90	4 957	47	1 346 573	41	413 152	24	23	9
3 116	88	.	.	299 811	87	601	41	6 399 165	98	2 387 271	72	27	10
.	.	.	.	35 000	.	10 360	.	2 697 358	82	1 653 954	29	38	11
109	93	.	.	109	93	1 440	.	2 685 013	88	1 357 510	36	34	12
3 444	26	.	.	82 637	85	8 500	.	3 721 209	29	2 681 032	24	42	13
.	.	.	.	35 044	28	1 808	68	2 445 433	60	3 035 833	49	55	14
1 268	70	.	.	82 330	77	2 580	.	1 462 226	60	792 700	99	35	15
365	70	.	.	49 689	06	5 189	99	2 779 038	28	983 072	27	26	16
859	34	.	.	354 096	60	3 884	01	7 341 064	95	4 409 499	18	38	17
893	17	.	.	414 437	45	6 519	65	3 144 100	18	1 056 628	00	25	18
250	23	.	.	250	23	360	.	1 039 853	11	548 087	30	35	19
893	08	.	.	22 892	56	17 014	07	2 321 942	24	2 135 298	52	48	20
146	97	.	.	41 627	50	3 489	86	1 275 107	42	928 659	89	42	21
2 297	88	.	.	46 995	58	14 423	21	9 995 420	71	4 069 395	61	29	22
575	93	.	.	51 160	56	31 892	59	3 801 366	67	656 883	21	15	23
.	.	.	.	152 946	95	12 386	93	2 151 246	48	*123 243*	*66*	.	24
.	.	.	.	28 000	.	18 502	24	981 412	02	377 575	96	28	25
1 956	12	.	.	40 742	49	911	20	720 604	95	139 742	97	16	26
360	79	.	.	63 173	84	12 792	63	2 257 126	01	254 450	41	10	27
.	.	.	.		.	25 045	90	1 283 163	78	174 524	06	12	28
.	.	.	.	**24 729**	91		.	**65 222**	09	***49 519***	***94***	.	29
100	.	.	.	**2 915**	81	2 339 041	94	8 981 472	71	***3 329 024***	***85***	.	30
.	.	.	.	**157 838**	62		.	410 510	09	***219 454***	***26***	.	31
40 443	75	791 042	71	6 297 454	62	**5 139 161**	**78**	**133 324 216**	75	59 109 483	**45**	**31**	

Anmerkung zu Spalte 97: Die schrägen Zahlen sind Minuszahlen.

Nachweisung der Einnahmen und Ausgaben der Staatsforst-

Laufende Nummer	Regierungsbezirk	Flächeninhalt Holzboden	Nichtholzboden	Gesamtfläche (Sp. 3+4)	Isteinnahme, ohne Rückzahlungen auf Wirtschaftsvorschüsse und ohne Einnahmen der Forsteinrichtungs- und forstlichen Lehranstalten, für Jagd und verkaufte Forstgrundstücke: im ganzen	für 1 ha Gesamtfläche (Sp. 5)		Istausgabe, ohne Ausgabe für Kassenführung, Wirtschaftsvorschüsse, Jagd, Forsteinrichtungsanstalten, forstwissenschaftliche und Lehrzwecke und für den Ankauf von Grundstücken: Personalaufwand für Verwaltung und Schutz	Aufwand für den Betrieb	im ganzen (Sp 8+9)	v. H. der Einnahme	Überschuß bzw. Zuschuß (schräg): im ganzen (Spalte 6 weniger 10)	für 1 ha Gesamtfläche (Sp. 5)	
		ha	ha	ha	RM	RM	Rpf	RM	RM	RM		RM	RM	Rpf
1	2	3	4	5	6	7		8	9	10	11	12	13	
1	Königsberg m. Marienw.	104 029	33 348	137 377	7 566 811	55	08	1 353 692	2 806 359	4 160 051	55	3 406 760	24	80
2	Gumbinnen . .	106 785	31 901	138 686	6 220 491	44	86	1 201 194	3 185 599	4 386 793	71	1 833 698	13	22
3	Allenstein . . .	193 473	43 412	236 885	18 352 645	77	47	1 766 932	5 357 105	7 124 037	39	11 228 608	47	40
4	Schneidemühl .	115 456	11 655	127 111	5 258 801	41	37	1 096 511	1 825 791	2 922 302	56	2 336 499	18	38
5	Potsdam . . .	197 323	21 444	218 767	19 910 287	91	01	2 235 667	4 385 445	6 621 112	33	13 289 175	60	75
6	Frankfurt a. d. O.	202 694	17 838	220 532	18 159 283	82	34	2 163 568	3 972 060	6 135 628	34	12 023 655	54	52
7	Stettin	108 923	12 514	121 437	12 309 643	101	37	1 280 221	2 614 908	3 895 129	32	8 414 514	69	29
8	Köslin	92 184	10 226	102 410	5 125 814	50	05	978 756	1 853 510	2 832 266	55	2 293 548	22	40
9	Stralsund . . .	25 588	3 271	28 859	2 090 132	72	43	394 304	568 012	962 316	46	1 127 816	39	08
10	Breslau/Liegnitz	69 954	5 747	75 701	8 337 658	110	14	1 187 700	3 410 149	4 597 849	55	3 739 809	49	40
11	Oppeln	68 360	4 396	72 756	5 568 317	76	53	783 305	1 375 730	2 159 035	39	3 409 282	46	86
12	Magdeburg . .	60 268	6 832	67 100	5 455 317	81	30	827 656	1 230 736	2 058 392	38	3 396 925	50	62
13	Merseburg . .	70 047	6 713	76 760	7 959 778	103	70	1 056 859	1 789 007	2 845 866	36	5 113 912	66	62
14	Erfurt	39 187	1 568	40 755	5 920 642	145	27	610 445	1 325 357	1 935 802	33	3 984 840	97	78
15	Schleswig . . .	27 319	3 088	30 407	3 578 132	117	67	454 841	736 588	1 191 429	33	2 386 703	78	49
16	Hannover/Osnabr.	35 892	2 692	38 584	4 837 653	125	38	1 111 781	987 282	2 099 063	43	2 738 590	70	98
17	Hildesheim. . .	99 827	4 430	104 257	11 595 563	111	22	1 679 326	3 688 145	5 367 471	46	6 228 092	59	74
18	Lüneburg . . .	75 598	6 018	81 616	5 754 711	70	51	999 550	1 233 091	2 232 641	39	3 522 070	43	15
19	Stade/Aurich. .	20 660	2 809	23 469	2 527 184	107	68	302 379	479 097	781 476	31	1 745 708	74	38
20	Minden/Münster	34 502	1 659	36 161	4 548 074	125	77	698 221	1 027 593	1 725 814	38	2 822 260	78	05
21	Arnsberg . . .	24 561	1 067	25 628	2 271 397	88	63	435 014	502 731	937 745	41	1 333 652	52	04
22	Kassel	198 188	7 049	205 237	15 778 264	76	88	3 422 105	4 608 862	8 030 967	51	7 747 297	37	75
23	Wiesbaden . .	51 871	1 702	53 573	3 263 591	60	92	1 287 129	1 199 350	2 486 479	76	777 112	14	51
24	Koblenz	30 835	943	31 778	361 462	11	37	626 556	261 646	888 202	246	*526 740*	*16*	*58*
25	Düsseldorf . . .	15 835	1 947	17 782	483 098	27	17	319 832	262 240	582 072	120	*98 974*	*5*	*57*
26	Köln	13 565	995	14 560	568 659	39	06	246 569	191 835	438 404	77	130 255	8	95
27	Trier	43 891	1 063	44 954	329 839	7	34	599 695	340 994	940 689	285	*610 850*	*13*	*59*
28	Aachen	24 670	898	25 568	66 442	2	60	340 024	313 365	653 389	983	*586 947*	*22*	*96*
	Zusammen	2 151 485	247 225	2 398 710	184 199 688	76	79	29 459 832	51 532 587	80 992 419	44	103 207 269	43	03

Die Zuschüsse für die Regierungsbezirke Koblenz, Düsseldorf, Trier und Aachen und die niedrigen Einnahmen für Holz usw. dem **besetzten Gebiet entstanden.** Die Forsten waren vom 10. Januar 1923 bis 20. Oktober 1924 beschlagnahmt. Das Holz wurde

Unter der Einnahme (Spalte 6) sind begriffen:									Unter dem Personalaufwand (Spalte 8) sind enthalten:						Laufende Nummer
Isteinnahme für Holz und Rinde							Isteinnahme aus Forstnebennutzungen	Beiträge Dritter zur Besoldung der Beamten	für die örtliche Verwaltung (Verwaltungsbeamte, Forstsekretäre und Forstsekretärstellen verwaltende Forstbetriebsbeamte)			für Forstbetriebsdienst (ausschließl. Forstsekretäre und Forstsekretärstellen verwaltende Forstbetriebsbeamte)			
im ganzen	für 1 ha Holzboden (Sp. 3)		Davon für Nutzholz (einschl. Nutzrinde)		Davon für Brennholz (einschl. Brennrinde)				im ganzen	für 1 ha Gesamtfläche (Sp. 5)		im ganzen	für 1 ha Gesamtfläche (Sp. 5)		
RM	RM	Rpf	RM	v. H.	RM	v. H.	RM	RM	RM	RM	Rpf	RM	RM	Rpf	
14	15		16	17	18	19	20	21	22	23		24	25		
6 817 369	65	53	4 216 412	62	2 600 957	38	591 321	.	324 615	2	36	976 508	7	11	1
5 444 950	50	99	3 361 574	62	2 083 376	38	682 735	.	390 712	2	82	769 702	5	55	2
17 290 359	89	37	15 149 573	88	2 140 786	12	805 770	.	462 369	1	95	1 251 682	5	28	3
4 835 246	41	88	3 773 371	78	1 061 875	22	332 962	.	322 464	2	54	736 301	5	79	4
18 095 981	91	71	14 240 756	79	3 855 225	21	873 355	.	795 666	3	64	1 370 185	6	26	5
17 327 831	85	49	14 604 521	84	2 723 310	16	554 326	.	698 493	3	17	1 404 281	6	37	6
11 594 970	106	45	9 496 710	82	2 098 260	18	484 730	.	310 803	2	56	925 283	7	62	7
4 735 295	51	37	3 354 932	71	1 380 363	29	305 653	.	320 702	3	13	625 076	6	10	8
1 916 542	74	90	1 246 005	65	670 537	35	135 484	.	105 839	3	67	279 833	9	70	9
7 819 624	111	78	5 864 718	75	1 954 906	25	354 811	.	212 229	2	80	936 293	12	37	10
5 247 642	76	76	4 513 047	86	734 595	14	230 203	.	142 259	1	96	614 921	8	45	11
4 866 522	80	75	3 607 704	74	1 258 818	26	501 035	.	200 393	2	99	591 014	8	81	12
7 241 610	103	38	5 725 872	79	1 515 738	21	546 076	.	257 015	3	35	760 646	9	91	13
5 555 730	141	77	4 183 819	75	1 371 911	25	224 207	.	143 818	3	53	442 356	10	85	14
3 389 094	124	06	2 228 652	66	1 160 442	34	127 514	.	144 307	4	75	287 338	9	45	15
4 282 333	119	31	3 382 503	79	899 830	21	143 555	.	357 997	9	28	714 293	18	51	16
10 948 982	109	68	8 741 232	80	2 207 750	20	380 483	18 212	618 830	5	94	990 472	9	50	17
5 324 506	70	43	4 386 260	82	938 246	18	332 819	.	436 338	5	35	529 058	6	48	18
2 376 751	115	04	2 110 070	89	266 681	11	96 329	.	103 618	4	42	184 253	7	85	19
4 321 312	125	25	3 502 077	81	819 235	19	80 283	2 647	224 011	6	19	441 446	12	21	20
2 065 459	84	10	1 718 813	83	346 646	17	50 123	5 662	178 968	6	98	215 177	8	40	21
14 798 181	74	67	11 838 545	80	2 959 636	20	597 046	73 969	1 408 496	6	86	1 827 758	8	91	22
2 969 831	57	25	1 582 827	53	1 387 004	47	117 633	112 346	647 345	12	08	578 595	10	80	23
295 999	9	60	137 247	46	158 752	54	37 710	.	202 676	6	38	405 023	12	75	24
248 704	15	71	205 680	83	43 024	17	170 512	.	50 503	2	84	260 094	14	63	25
384 224	28	32	295 016	77	89 208	23	171 110	.	76 474	5	25	150 852	10	36	26
250 563	5	70	100 225	40	150 338	60	46 007	.	185 319	4	12	379 301	8	44	27
12 486		51	12 350	99	136	1	40 019	.	92 409	3	61	233 294	9	12	28
170 458 096	79	23	133 580 511	78	36 877 585	22	9 013 811	212 836	9 414 668	3	92	18 881 035	7	87	

in diesen Bezirken sowie auch in den Regierungsbezirken Wiesbaden und Köln sind durch die Beschlagnahme der Staatsforsten in von der französisch-belgischen Forstregie verwertet.

Nachweisung der Einnahmen und Ausgaben der Staatsforst-

Laufende Nummer	Regierungsbezirk	Flächeninhalt			Isteinnahme, ohne Rückzahlungen auf Wirtschaftsvorschüsse und ohne Einnahmen der Forsteinrichtungs- und forstlichen Lehranstalten, für Jagd und verkaufte Forstgrundstücke			Istausgabe, ohne Ausgabe für Kassenführung, Wirtschaftsvorschüsse, Jagd, Forsteinrichtungsanstalten, forstwissenschaftliche und Lehrzwecke und für den Ankauf von Grundstücken				Überschuß bzw. Zuschuß (schräg)		
		Holzboden	Nichtholzboden	Gesamtfläche (Sp 3+4)	im ganzen	für 1 ha Gesamtfläche (Sp. 5)		Personalaufwand für Verwaltung und Schutz	Aufwand für den Betrieb	im ganzen (Sp. 8+9)	v. H. der Einnahme	im ganzen (Spalte 6 wenig. 10)	für 1 ha Gesamtfläche (Sp. 5)	
		ha	ha	ha	RM	RM	Rpf	RM	RM	RM		RM	RM	Rpf
1	2	3	4	5	6	7		8	9	10	11	12	13	
1	Königsberg m. Marienw.	104 066	33 378	137 444	4 816 923	35	05	1 663 131	3 288 192	4 951 323	101	*134 400*		*98*
2	Gumbinnen	106 655	31 845	138 500	3 717 891	26	84	1 418 055	3 645 130	5 063 185	136	*1 345 294*	*9*	*71*
3	Allenstein	193 459	43 454	236 913	17 113 888	72	24	1 949 174	7 355 688	9 304 862	54	7 809 026	32	96
4	Schneidemühl	115 418	11 734	127 152	5 083 069	39	98	1 215 774	3 176 812	4 392 586	86	690 483	5	43
5	Potsdam	193 528	21 259	214 787	12 733 244	59	28	2 542 767	6 342 600	8 885 367	70	3 847 877	17	91
6	Frankfurt a. O.	202 642	17 948	220 590	30 787 237	139	57	2 583 126	10 554 084	13 137 210	43	17 650 027	80	01
7	Stettin	108 929	12 537	121 466	14 587 464	120	10	1 448 849	5 383 668	6 832 517	47	7 754 947	63	84
8	Köslin	92 133	10 190	102 323	2 249 654	21	99	1 076 151	2 598 927	3 675 078	163	*1 425 424*	*13*	*93*
9	Stralsund	25 517	3 342	28 859	1 725 239	59	78	511 239	788 794	1 300 033	75	425 206	14	73
10	Breslau/Liegnitz	70 064	5 761	75 825	8 725 613	115	07	1 293 361	4 876 397	6 169 758	71	2 555 855	33	71
11	Oppeln	68 314	4 401	72 715	4 321 236	59	43	969 254	1 578 756	2 548 010	59	1 773 226	24	39
12	Magdeburg	60 185	6 904	67 089	3 996 688	59	57	923 225	1 520 194	2 443 419	61	1 553 269	23	15
13	Merseburg	70 062	6 696	76 758	6 342 720	82	63	1 305 436	2 279 085	3 584 521	57	2 758 199	35	93
14	Erfurt	39 179	1 571	40 750	5 460 281	133	99	712 315	1 671 402	2 383 717	44	3 076 564	75	50
15	Schleswig	27 388	3 096	30 484	2 210 780	72	52	515 984	834 323	1 350 307	61	860 473	28	23
16	Hannover/Osnabr.	35 869	2 711	38 580	3 729 204	96	66	1 373 753	1 302 716	2 676 469	72	1 052 735	27	29
17	Hildesheim	99 795	4 461	104 256	11 620 643	111	46	1 961 109	4 897 381	6 858 490	59	4 762 153	45	68
18	Lüneburg	75 458	5 727	81 185	4 131 865	50	89	1 110 138	1 572 685	2 682 823	65	1 449 042	17	85
19	Stade/Aurich	20 603	2 837	23 440	1 564 915	66	76	361 365	654 617	1 015 982	65	548 933	23	42
20	Minden/Münster	34 466	1 684	36 150	4 405 725	121	87	782 248	1 448 034	2 230 282	51	2 175 443	60	18
21	Arnsberg	24 487	1 138	25 625	2 177 462	84	97	577 154	628 351	1 205 505	55	971 957	37	93
22	Kassel	197 836	7 200	205 036	13 968 422	68	13	3 924 106	5 677 233	9 601 339	69	4 367 083	21	30
23	Wiesbaden	51 861	1 717	53 578	4 431 347	82	71	1 728 179	1 919 063	3 647 242	82	784 105	14	63
24	Koblenz	30 837	943	31 780	2 014 212	63	38	812 559	1 172 473	1 985 032	99	29 180		92
25	Düsseldorf	15 834	1 948	17 782	1 305 816	73	43	390 083	549 679	939 762	72	366 054	20	59
26	Köln	13 515	995	14 510	848 558	58	48	298 326	386 782	685 108	81	163 450	11	26
27	Trier	43 850	1 065	44 915	2 498 602	55	63	812 848	1 360 515	2 173 363	87	325 239	7	24
28	Aachen	24 670	904	25 574	1 441 723	56	37	451 579	812 801	1 264 380	88	177 343	6	93
	Zusammen	2 146 620	247 446	2 394 066	178 010 421	74	35	34 711 288	78 276 382	112 987 670	63	65 022 751	27	16

Unter der Einnahme (Spalte 6) sind begriffen:									Unter dem Personalaufwand (Spalte 8) sind enthalten:						
Isteinnahme für Holz und Rinde							Isteinnahme aus Forstnebennutzungen	Beiträge Dritter zur Besoldung der Beamten	für die örtliche Verwaltung (Verwaltungsbeamte, Forstsekretäre und Forstsekretärstellen verwaltende Forstbetriebsbeamte)			für Forstbetriebsdienst (ausschließl. Forstsekretäre und Forstsekretärstellen verwaltende Forstbetriebsbeamte)			Laufende Nummer
im ganzen	für 1 ha Holzboden (Sp. 3)		Davon für Nutzholz (einschl. Nutzrinde)		Davon für Brennholz (einschl. Brennrinde)				im ganzen	für 1 ha Gesamtfläche (Sp. 5)		im ganzen	für 1 ha Gesamtfläche (Sp. 5)		
RM	RM	Rpf	RM	v. H.	RM	v. H.	RM	RM	RM	RM	Rpf	RM	RM	Rpf	
14	15		16	17	18	19	20	21	22	23		24	25		
4 071 978	39	13	2 571 650	63	1 500 328	37	606 917	.	472 951	3	44	1 165 331	8	49	1
2 990 602	28	04	1 620 939	54	1 369 663	46	649 825	.	425 176	3	07	929 050	6	71	2
16 075 648	83	10	14 258 167	89	1 817 481	11	802 677	.	540 529	2	28	1 320 226	5	57	3
4 653 488	40	32	3 616 057	78	1 037 431	22	338 760	.	367 133	2	89	810 775	6	38	4
10 976 320	56	72	7 830 579	71	3 145 741	29	952 011	.	947 381	4	41	1 485 541	6	92	5
29 873 542	147	42	26 288 717	88	3 584 825	12	621 596	.	838 972	3	80	1 721 842	7	81	6
13 956 143	128	12	11 939 962	86	2 016 181	14	443 930	.	335 935	2	77	1 059 542	8	72	7
1 874 076	20	34	968 894	52	905 182	48	316 450	.	335 165	3	28	696 654	6	81	8
1 577 189	61	81	956 471	61	620 718	39	127 222	.	116 312	4	03	381 315	13	21	9
8 169 474	116	60	6 127 105	75	2 042 369	25	391 865	.	261 111	3	44	988 100	13	03	10
3 929 787	57	53	3 251 251	83	678 536	17	220 395	.	226 983	3	12	704 485	9	69	11
3 376 815	56	11	2 476 000	73	900 815	27	515 453	.	252 560	3	76	647 183	9	65	12
5 600 804	79	94	4 268 086	76	1 332 718	24	587 556	.	265 717	3	46	996 237	12	98	13
5 220 818	133	26	4 015 855	77	1 204 963	23	148 895	.	186 098	4	57	501 020	12	29	14
2 051 711	74	91	1 283 045	63	768 666	37	118 483	.	176 561	5	79	310 887	10	20	15
3 006 080	83	81	2 382 504	79	623 576	21	202 770	.	544 342	14	11	802 201	20	79	16
10 931 168	109	54	8 841 634	81	2 089 534	19	446 908	18 200	653 187	6	27	1 281 261	12	29	17
3 621 981	48	.	2 939 179	81	682 802	19	410 021	.	398 147	4	90	677 463	8	34	18
1 453 779	70	56	1 246 651	86	207 128	14	89 472	.	127 092	5	42	222 130	9	48	19
4 206 563	122	05	3 468 159	82	738 404	18	89 956	5 352	231 264	6	40	522 939	14	47	20
1 961 312	80	10	1 620 254	83	341 058	17	59 180	8 233	304 230	11	87	256 050	9	99	21
13 028 431	65	85	10 010 322	77	3 018 109	23	652 335	74 206	1 496 755	7	30	2 293 307	11	18	22
3 820 392	73	67	2 033 810	53	1 786 582	47	218 828	153 519	1 002 037	18	70	634 171	11	84	23
1 843 349	59	78	1 272 543	69	570 806	31	83 351	.	254 276	8	.	492 619	15	50	24
912 731	57	64	789 721	87	123 010	13	336 975	.	94 811	5	33	282 463	15	88	25
661 817	48	97	547 059	83	114 758	17	139 941	3 694	28 228	5	67	197 324	13	60	26
2 377 108	54	21	1 053 108	44	1 324 000	56	77 488	.	248 094	5	52	564 754	12	57	27
1 339 049	54	28	1 161 701	87	177 348	13	45 661	.	151 705	5	93	275 315	10	77	28
163 562 155	76	20	128 839 423	79	34 722 732	21	9 694 921	263 204	11 282 752	4	71	22 220 185	**9**	**28**	

Tafel 46d.

Nachweisung über die Reinerträge der Staatsforsten im Rechnungsjahre 1924.

Laufende Nummer	Regierungsbezirk	Gesamtfläche	Isteinnahme, ausschl. der Einnahmen der Forstlichen Lehranstalten und des Erlöses für verkaufte Forstgrundstücke				Istausgabe, ausschl. der Ausgabe in der Spalte 10				Mithin Reinertrag (Spalte 4 weniger 6)				Außerdem sind ausgegeben unter Kap. 4a der dauernden sowie unter Kap. 2 Tit. 2a der einmaligen und außerordentl. Ausgaben	
			im ganzen		für 1 ha		im ganzen		für 1 ha		im ganzen		für 1 ha			
		ha	RM	Rpf	RM	Rpf	RM	Rpf	RM	Rpf	RM	Rpf	RM	Rpf	RM	Rpf
1	2	3	4		5		6		7		8		9		10	
1	Königsberg (m. Marienw.)	137 377	7 604 307	25	55	35	4 321 697	77	31	46	3 282 609	48	23	89	184 583	80
2	Gumbinnen	138 686	6 241 599	91	45	01	4 555 431	62	32	85	1 686 168	29	12	16	79 215	65
3	Allenstein	236 885	18 375 021	75	77	57	7 295 291	53	30	80	11 079 730	22	46	77	235 105	80
4	Schneidemühl	127 111	5 296 287	06	41	67	3 015 283	38	23	72	2 281 003	68	17	94	127 752	96
5	Potsdam	218 767	19 964 590	79	91	26	6 847 479	24	31	30	13 117 111	55	59	96	306 623	92
6	Frankfurt a. O.	212 204	18 207 279	63	85	80	6 368 770	10	30	01	11 838 509	53	55	79	54 232	92
7	Stettin	121 437	12 349 557	68	101	70	4 036 282	20	33	24	8 313 275	48	68	46	16 288	05
8	Köslin	102 410	5 158 808	33	50	37	2 902 784	63	28	34	2 256 023	70	22	03	205 378	34
9	Stralsund	28 859	2 108 526	71	73	06	990 482	87	34	32	1 118 043	84	38	74	7 000	.
10	Breslau (mit Liegnitz) .	84 029	8 369 520	78	99	60	4 684 034	05	55	74	3 685 486	73	43	86	60 035	08
11	Oppeln	72 756	5 582 121	55	76	72	2 235 494	51	30	73	3 346 627	04	46	.	.	.
12	Magdeburg	67 100	5 477 258	48	81	63	2 245 141	96	33	46	3 232 116	52	48	17	.	.
13	Merseburg	76 760	7 994 006	80	104	14	2 914 615	33	37	97	5 079 391	47	66	17	31 206	85
14	Erfurt	40 755	5 926 561	03	145	42	1 983 607	03	48	67	3 942 954	.	96	75	25 920	.
15	Schleswig	30 407	3 592 444	33	118	15	1 226 066	74	40	32	2 366 377	59	77	82	37 164	90
16	Hannover	29 151	4 848 127	86	166	31	2 142 086	85	75	48	2 706 041	01	92	83	37 048	.
17	Hildesheim	104 257	11 623 805	71	111	49	5 483 304	33	52	59	6 140 501	38	58	90	306 348	35
18	Lüneburg	81 616	5 777 383	27	70	79	2 280 480	81	27	94	3 496 902	46	42	85	9 831	41
19	Stade	18 152	2 534 736	65	139	64	794 958	27	43	79	1 739 778	38	95	85	.	.
20	Osnabrück (mit Aurich) bis 30. 9. 24 .	14 750	.	.	.	.	10 735	79	.	73	*10 735*	*79*	.	*73*	.	.
21	Minden (mit Münster) .	36 161	4 561 542	44	126	15	1 759 491	68	48	66	2 802 050	76	77	49	15 000	.
22	Arnsberg	25 628	2 280 156	08	88	97	970 904	94	37	88	1 309 251	14	51	09	10 093	62
23	Kassel	205 237	15 833 666	22	77	15	8 332 225	77	40	60	7 501 440	45	36	55	1 268	89
24	Wiesbaden	53 573	3 272 432	87	61	08	2 552 559	41	47	65	719 873	46	13	44	6 881	37
25	Koblenz	31 778	364 483	44	11	47	923 929	04	29	07	*559 445*	*60*	*17*	*60*	17 434	64
26	Düsseldorf	17 782	456 316	27	25	66	597 226	46	33	59	*140 910*	*19*	*7*	*92*	.	.
27	Köln	14 560	569 330	04	39	10	438 754	75	30	13	130 575	29	8	97	64 946	86
28	Trier	44 954	309 029	93	6	87	963 094	47	29	42	*654 064*	*54*	*14*	*55*	.	.
29	Aachen	25 568	64 056	41	2	51	662 496	49	25	91	*598 440*	*08*	*23*	*41*	.	.
	Zusammen	2 398 710	184 742 959	27	77	02	83 534 712	02	34	82	101 208 247	25	42	19	1 839 361	41

Anmerkung. Die schrägen Zahlen sind Minuszahlen. Die Mehrausgaben bei den Regierungen in Koblenz, Düsseldorf, Trier und Aachen sind aus der Beschlagnahme der Staatsforsten im besetzten Gebiete zu erklären.

Tafel 46d.

Nachweisung über die Reinerträge der Staatsforsten im Rechnungsjahre 1925.

Laufende Nummer	Regierungsbezirk	Gesamtfläche	Isteinnahme, ausschl. der Einnahmen der Forstl. Lehranstalten und des Erlöses für verkaufte Forstgrundstücke und der Reichsentschädigung für Instandsetzung beschlagnahmt gewesener Forstdienstgehöfte				Istausgabe, ausschl. der Ausgabe in der Spalte 10				Mithin Reinertrag (Spalte 4 weniger 6)				Außerdem sind ausgegeben für Forstlehranstalten [Kap. 4a der dauernden Ausgaben], f. angekaufte Grundstücke [Kap. 2 Tit. 2a der einmal. Ausgaben], f. d. Eindeichung und erste Einrichtung der Ländereien im Tawellningker-, Oboliner- und Laukne-Polder usw. [Tit. 17, 18 u. 18a d. einmal. Ausgab.], an außerplanmäß. Darlehen zur Erleichterung der Wirtschaftsführung der Landwirtschaft treib. Forstbeamten, an außerplanmäß. Aufwendungen für ausgewiesene Beamte u. an Kosten für Instandsetzung beschlagnahmt gewesener Forstdienstgehöfte		Laufende Nummer
			im ganzen		für 1 ha		im ganzen		für 1 ha		im ganzen		für 1 ha				
		ha	RM	Rpf	RM	Rpf	RM	Rpf	RM	Rpf	RM	Rpf	RM	Rpf	RM	Rpf	
1	2	3	4		5		6		7		8		9		10		
1	Königsberg (m Marienw.)	137 444	4 881 442	96	35	52	5 127 943	03	37	31	*246 500*	*07*	*1*	*79*	852 024	42	1
2	Gumbinnen	138 500	3 767 274	02	27	20	5 305 533	23	38	31	*1 538 259*	*21*	*11*	*11*	160 974	79	2
3	Allenstein	236 913	17 171 698	51	72	48	9 456 281	48	39	91	7 715 417	03	32	57	698 379	90	3
4	Schneidemühl . . .	127 152	5 134 779	82	40	38	4 517 465	86	35	53	617 313	96	4	85	126 187	50	4
5	Potsdam	214 787	12 831 908	.	59	74	9 124 700	40	42	48	3 707 207	60	17	26	619 324	42	5
6	Frankfurt a. O. . . .	220 590	30 867 815	26	139	93	13 395 758	06	60	73	17 472 057	20	79	21	113 208	99	6
7	Stettin	121 466	14 641 895	87	120	54	6 949 663	97	57	21	7 692 231	90	63	33	47 373	30	7
8	Köslin	102 323	2 297 911	19	22	46	3 787 816	68	37	02	*1 489 905*	*49*	*14*	*56*	3 735 947	45	8
9	Stralsund	28 859	1 752 037	65	60	71	1 334 173	41	46	23	417 864	24	14	48	12 400	.	9
10	Breslau (m. Liegnitz) .	75 825	8 773 923	42	115	71	6 247 019	51	82	39	2 526 903	91	33	33	152 146	47	10
11	Oppeln	72 715	4 346 104	41	59	77	2 662 358	82	36	61	1 683 745	59	23	16	35 000	.	11
12	Magdeburg	67 089	4 038 686	61	60	20	2 683 573	88	40	.	1 355 112	73	20	20	1 440	.	12
13	Merseburg	76 758	6 398 045	28	83	35	3 640 451	39	47	43	2 757 593	89	35	93	80 757	90	13
14	Erfurt	40 750	5 473 891	34	134	33	2 428 191	32	59	59	3 045 700	02	74	74	17 242	28	14
15	Schleswig	30 484	2 238 505	72	73	43	1 387 664	53	45	52	850 841	19	27	91	74 562	07	15
16	Hannover (m. Osnabr.)	38 580	3 751 603	07	97	24	2 744 233	13	71	13	1 007 369	94	26	11	34 805	15	16
17	Hildesheim	104 256	11 674 547	43	111	98	7 025 624	80	67	39	4 648 922	63	44	59	315 440	15	17
18	Lüneburg	81 185	4 165 741	19	51	31	2 728 236	63	33	61	1 437 504	56	17	71	415 863	55	18
19	Stade (mit Aurich) . .	23 440	1 577 105	15	67	28	1 039 853	11	44	36	537 252	04	22	92	.	.	19
20	Minden (m. Münster).	36 150	4 429 409	27	122	53	2 299 942	76	63	62	2 129 466	51	58	91	21 999	48	20
21	Arnsberg	25 625	2 190 794	71	85	49	1 233 626	89	48	14	957 167	82	37	35	41 480	53	21
22	Kassel	205 036	14 056 837	74	68	56	9 946 352	53	48	51	4 110 485	21	20	05	49 068	18	22
23	Wiesbaden	53 578	4 452 546	78	83	10	3 737 834	69	69	76	714 712	09	13	34	63 531	98	23
24	Koblenz	31 780	2 019 874	37	63	56	2 020 648	78	63	58	*774*	*41*	*.*	*02*	130 597	70	24
25	Düsseldorf	17 782	1 294 027	98	72	77	953 412	02	53	62	340 615	96	19	16	28 000	.	25
26	Köln	14 510	855 286	42	58	94	681 818	58	46	99	173 467	84	11	96	38 786	37	26
27	Trier	44 915	2 507 528	04	55	83	2 184 173	40	48	63	323 354	64	7	20	72 952	61	27
28	Aachen	25 574	1 456 548	74	56	95	1 258 117	88	49	20	198 430	86	7	76	25 045	90	28
	Zusammen	2 394 066	179 047 770	95	74	79	115 902 470	77	48	41	63 145 300	18	26	38	7 964 541	09	

Anmerkung. Die schrägen Zahlen sind Minuszahlen.

Tafel 47.

Gegenüberstellung der Einnahmen und Ausgaben für Torfgräbereien der Staatsforstverwaltung in den Rechnungsjahren 1924 und 1925.

Jahr	Einnahme Reichsmark	Ausgabe (Betriebskosten ausschl. Besoldungen) Reichsmark	Überschuß Reichsmark	Jahr	Einnahme Reichsmark	Ausgabe (Betriebskosten ausschl. Besoldungen) Reichsmark	Überschuß Reichsmark
1924	131 876	15 454	116 422	1925	109 642	22 795	86 847

Tafel 49.

Übersicht über die auf 1 ha der Gesamtfläche entfallenden dauernden Ausgaben der Staatsforstverwaltung in den Rechnungsjahren 1924 und 1925 in Reichsmark.

Laufende Nummer	Rechnungsjahr	Verwaltungskosten					Betriebskosten						Ausgaben zu forstwissenschaftlichen und Lehrzwecken	Zusammen (Spalten 7 + 13 + 14)
		Unterhaltung der Forstbeamten einschl. der Forstkassenbeamten: Besoldung, Unterhaltszuschüsse, Dienstaufwand und Wohnung	Vergütungen (einschl. Unterstützungen) an nichtbeamtete Hilfskräfte, außerplanmäßige Forstkassenverwalter, nebenamtliche Waldwärter, sowie sonstige Hilfskräfte im Forstverwaltungs-, Forstkassen- und Forstbetriebsdienste	Versorgungsgebührnisse der Ruhegehalts- und Wartegeldempfänger und der Witwen und Waisen	Unterstützungen und Notstandsbeihilfen der Beamten, ihrer Hinterbliebenen und der Ruhegehalts- und Wartegeldempfänger	Zusammen (Spalten 3 bis 6)	Kosten für Werben und Verbringen von Holz und anderen Forsterzeugnissen	Ausgaben für Forstkulturen, Bau und Unterhaltung der Wirtschaftswege und für Verbesserung der Forstgrundstücke	Steuern, Abgaben, Renten	Sonstige Ausgaben (ausschl. der Ausgaben für den Ankauf von Grundstücken)	Kosten der Forsteinrichtung (Forsteinrichtungsanstalten einschl. der Personalausgaben, Forstvermessungs- und Betriebsregelungskosten)	Zusammen (Spalten 8 bis 12)		
1	2	3	4	5	6	7	8	9	10	11	12	13	14	15
1	1924	11,30	0,35	1,27	0,20	13,12	9,00	3,89	4,39	4,52	0,20	22,00	0,19	35,31
2	1925	13,85	0,47	2,79	0,26	17,37	14,22	8,20	5,08	5,80	0,28	33,58	0,25	51,20

Tafel 52a.

Nachweisung der während der Kalenderjahre 1924 und 1925 vorgekommenen erheblicheren Brände in den Staatswaldungen und der hierdurch vernichteten Holzbestände.

Laufende Nummer	Provinz	Zahl der Brände	Es ist vernichtet: der Bestand ganz oder zum größten Teile ha	der Bestand nur zum kleinen Teile ha	nur die Bodendecke ha	Gesamtfläche ha
1	2	3	4	5	6	7
	1924.					
1	Ostpreußen	.	.	.	.	.
2	Brandenburg	16	33,0	14,0	3,3	50,3
3	Pommern	1	10,4	.	3,0	13,4
4	Grenzmark Posen-Westpreußen.	.	.	.	.	.
5	Schlesien	.	.	.	.	.
6	Sachsen	3	25 8	0 3	40,0	66,1
7	Schleswig-Holstein	1	5,0	.	5,0	10,0
8	Hannover	.	.	.	.	.
9	Westfalen	.	.	.	.	.
10	Hessen	.	.	.	.	.
11	Rheinprovinz	1	0,4	.	0,2	0,6
	Zusammen	22	74,6	14,3	51,5	140,4
	1925.					
1	Ostpreußen	.	.	.	.	.
2	Brandenburg	41	43,9	4,4	37,3	85,6
3	Pommern	13	179,4	10,0	590,9	780,3
4	Grenzmark Posen-Westpreußen.	1	767,8	32,0	209,4	1009,2
5	Schlesien	.	.	.	.	.
6	Sachsen	9	17,8	7,3	29,2	54,3
7	Schleswig-Holstein	3	9,7	0,5	1,0	11,2
8	Hannover	.	.	.	.	.
9	Westfalen	.	.	.	.	.
10	Hessen	.	.	.	.	.
11	Rheinprovinz	.	.	.	.	.
	Zusammen	67	1018,6	54,2	867,8	1940,6

Tafel 56b u. c.

Nachweisung über die Zahl der Studierenden der Forstlichen Hochschulen in Eberswalde und Münden vom Sommerhalbjahr 1924 ab bis zum Winterhalbjahr 1926/27.

Halbjahr	Studierende, die den Vorbedingungen für den Eintritt in die Preußische Forstverwaltungs-Laufbahn Genüge geleistet hatten: Preußen	Angehörige anderer deutscher Länder	Zusammen	Studierende, die den Vorbedingungen für den Eintritt in die Preußische Forstverwaltungs-Laufbahn nicht Genüge geleistet hatten, und Hospitanten: Preußen	Angehörige anderer deutscher Länder	Ausländer	Zusammen	Zusammen Studierende
1	2	3	4	5	6	7	8	9
			a) Eberswalde.					
Sommer 1924	33	.	33	40	6	18	64	97
Winter 1924/25	39	.	39	42	17	5	64	103
Sommer 1925	49	.	49	39	9	15	63	112
Winter 1925/26	42	.	42	33	4	11	48	90
Sommer 1926	50	.	50	32	6	8	46	96
Winter 1926/27	30	.	30	39	8	7	54	84
			b) Münden.					
Sommer 1924	66	6	72	35	15	6	56	128
Winter 1924/25	71	3	74	29	11	5	45	119
Sommer 1925	93	7	100	50	14	1	65	165
Winter 1925/26	62	5	67	37	11	3	51	118
Sommer 1926	105	6	111	61	18	4	83	194
Winter 1926/27	67	6	73	47	10	4	61	134

Nachweisung der verausgabten Kultur- und Verkehrswege-

Laufende Nummer	Regierungsbezirk	Zur Holzzucht bestimmte Fläche	Verausgabte															
			Kapitel I															
			Nachbesserungen und Wiederholungen															
			Bodenverwundung				Saat				Pflanzung				Im ganzen			
		ha	ha	d	RM	Rpf	ha	d	RM	Rpf	ha	d	RM	Rpf	ha	d	RM	Rpf
1	2	3	4				5				6				7			
1	Königsberg (m. Marienwerd.)	104 029	.	5	16	.	5	8	161	91	427	8	34 181	89	434	1	34 359	80
2	Gumbinnen	106 785	.	.	.	.	15	4	588	72	284	8	23 018	35	300	2	23 607	07
3	Allenstein	193 473	70	9	1 262	72	88	2	2 580	30	1 449	6	102 941	91	1 608	7	106 784	93
4	Schneidemühl	115 456	26	2	1 488	61	76	3	3 963	68	656	2	40 345	57	758	7	45 797	86
5	Potsdam	197 323	10	1	495	20	86	8	3 102	75	704	2	49 370	24	801	1	52 968	19
6	Frankfurt a. O.	202 694	23	4	553	79	90	6	1 664	42	871	3	78 507	61	985	3	80 725	82
7	Stettin	108 923	32	1	1 221	90	46	2	1 274	47	408	9	25 275	04	487	2	27 771	41
													25	*76*			*25*	*76*
8	Köslin	92 184	.	.	.	.	45	2	2 989	32	267	9	15 763	75	313	1	18 753	07
9	Stralsund	25 588	21	1	197	90	78	4	1 591	02	117	1	10 932	01	216	6	12 720	93
10	Breslau (mit Liegnitz) .	69 954	20	9	135	79	18	8	774	16	335	4	28 892	22	375	1	29 802	17
11	Oppeln	68 360	7	5	911	94	14	3	597	98	217	1	17 122	48	238	9	18 632	40
													6	*74*			*6*	*74*
12	Magdeburg	60 268	40	.	3 693	96	57	3	1 153	19	283	7	23 233	10	381	.	28 080	25
13	Merseburg	70 047	11	5	209	34	6	3	214	15	163	5	14 116	09	181	3	14 539	58
14	Erfurt	39 187	45	7	977	61	.	1	16	.	77	4	8 867	85	123	2	9 861	46
15	Schleswig	27 319	38	8	820	73	6	2	342	75	117	5	6 522	32	162	5	7 685	80
16	Hannover (m. Osnabr.)	35 892	20	5	2 269	35	56	6	899	77	196	2	9 467	23	273	3	12 636	35
17	Hildesheim	99 827	171	8	8 841	01	5	5	250	90	263	3	22 564	65	440	6	31 656	56
18	Lüneburg	75 598	48	7	2 650	98	15	5	345	20	240	9	16 138	63	305	1	19 134	81
19	Stade (mit Aurich) . .	20 660	2	6	49	44	21	.	1 363	21	99	.	5 213	41	122	6	6 626	06
20	Minden (mit Münster) .	34 502	45	6	1 281	90	26	4	461	79	136	6	13 655	54	208	6	15 399	23
21	Arnsberg	24 561	181	5	6 473	59	.	.	.	.	67	4	3 380	07	248	9	9 853	66
22	Kassel	198 188	727	4	22 522	76	38	4	964	32	537	.	40 639	43	1 302	8	64 126	51
													4	*32*			*4*	*32*
23	Wiesbaden	51 871	105	7	4 099	59	20	1	946	22	109	3	7 879	59	235	1	12 925	40
													5	*28*			*5*	*28*
24	Koblenz	30 835	11	.	371	06	.	7	27	69	61	8	5 737	31	73	5	6 136	06
25	Düsseldorf	15 835	.	.	.	.	81	2	4 540	16	35	.	3 525	44	116	2	8 065	60
26	Köln	13 565	.	.	.	.	7	5	126	16	64	6	5 235	55	72	1	5 361	71
27	Trier	43 891	54	2	2 922	66	37	2	1 826	31	133	1	8 965	72	224	5	13 714	69
28	Aachen	24 670	103	8	6 518	43	14	.	955	75	53	.	4 190	75	170	8	11 664	93
	Zusammen	2 151 485	1 821	5	69 986	26	960	.	33 722	30	8 379	6	625 683	75	11 161	1	729 392	31
													42	*10*			*42*	*10*

Anmerkung: Die schrägen Zahlen geben den Wert der geleisteten Forststrafarbeit an.

58.

baugelder für das Forstwirtschaftsjahr und Rechnungsjahr 1924.

Kulturgelder																
Kapitel II																
Erstmalige Kulturen																
Bodenverwundung				Saat				Pflanzung				Im ganzen				Regierungsbezirk
ha	d	RM	Rpf	ha	d	RM	Rpf	ha	d	RM	Rpf	ha	d	RM	Rpf	
8				9				10				11				
3	4	439	66	186	4	14 855	10	512	4	49 587	09	702	2	64 881	85	Königsberg (m. Marienw.)
44	8	752	81	128	8	7 552	93	287	2	30 882	89	460	8	39 188	63	Gumbinnen
173	4	10 307	74	3 527	.	146 696	63	422	3	40 104	29	4 122	7	197 108	66	Allenstein
184	5	2 591	22	1 063	9	34 273	51	392	8	37 203	03	1 641	2	74 067	76	Schneidemühl
204	1	9 826	63	1 241	5	69 930	57	680	8	53 228	92	2 126	4	132 986	12	Potsdam
76	.	1 209	17	1 169	8	54 004	02	503	9	44 299	07	1 749	7	99 512	26	Frankfurt a. O.
201	9	6 210	62	409	7	31 370	92	549	4	40 995	10	1 161	.	78 576	64	Stettin
										8	*64*			*8*	*64*	
190	7	3 772	41	1 717	2	63 528	47	527	4	30 719	16	2 435	3	98 020	04	Köslin
54	8	1 464	20	63	1	7 497	20	83	1	12 030	76	201	.	20 992	16	Stralsund
146	5	6 889	10	294	4	19 623	20	269	.	32 629	90	709	9	59 142	20	Breslau (mit Liegnitz)
88	7	3 831	08	290	8	17 121	48	370	7	29 404	30	750	2	50 356	86	Oppeln
										95	*12*			*95*	*12*	
133	8	2 719	52	302	5	11 534	49	257	4	17 990	61	693	7	32 244	62	Magdeburg
141	.	2 888	27	329	6	15 099	06	144	6	16 168	85	615	2	34 156	18	Merseburg
44	5	921	16	9	.	67	04	202	4	22 017	96	255	9	23 006	16	Erfurt
89	1	2 153	69	47	4	1 327	38	111	.	9 853	44	247	5	13 334	51	Schleswig
65	6	2 341	89	252	5	9 592	64	134	1	11 642	10	452	2	23 576	63	Hannover (m. Osnabr.)
408	9	16 266	18	23	6	1 177	13	511	5	43 177	35	944		60 620	66	Hildesheim
254	7	12 758	05	489	8	21 394	86	265	5	24 737	01	1 010	.	58 889	92	Lüneburg
1	3	344	97	323	3	21 514	93	51	1	4 889	33	375	7	26 749	23	Stade (mit Aurich)
50	9	1 422	73	39	7	3 838	48	148	8	15 611	47	239	4	20 872	68	Minden (mit Münster)
562	2	15 802	84	6	7	317	89	91	4	5 287	37	660	3	21 408	10	Arnsberg
1 294	.	43 510	36	244	8	16 893	61	454	8	36 620	32	1 993	6	97 024	29	Kassel
		30	*64*							*3*	*24*			*33*	*88*	
378	1	14 695	91	72	9	2 930	97	145	.	13 868	28	596	.	31 495	16	Wiesbaden
129	8	5 439	24	18	8	1 023	32	77	9	7 488	92	226	5	13 951	48	Koblenz
9	7	975	11	128	4	8 490	74	48	5	4 942	16	186	6	14 408	01	Düsseldorf
3	.	285	05	40	1	4 021	35	24	2	1 793	16	67	3	6 099	56	Köln
176	3	8508	35	62	2	4 092	22	98	8	8 602	81	337	3	21 203	38	Trier
182	7	15 073	61	49	9	4 924	05	162	9	14 637	21	395	5	34 634	87	Aachen
5 294	4	193 401	57	12 533	8	594 694	19	7 528	9	660 412	86	25 357	1	1 448 508	62	
		30	*64*							*107*	.			*137*	*64*	

Verausgabte

Laufende Nummer	Regierungsbezirk	Kapitel III Anlegung und Unterhaltung der Saat- und Pflanzkämpe ha	a	RM	Rpf	Kapitel IV Anschaffung von Samen und Ankauf von Pflanzen RM	Rpf	Kapitel V Bewehrungen und Verhegungen RM	Rpf	Kapitel VI Abzugsgräben und sonstige Entwässerungsanlagen RM	Rpf	Kapitel VII Anschaffung und Unterhaltung der Kulturgeräte RM	Rpf	Kapitel IX Insgemein RM	Rpf
				12		13		14		15		16		17	
1	Königsberg (m.Marienw.)	33	43	37 770	37	3 304	24	9 325	36	14 585	76	7 048	75	83 128	91
2	Gumbinnen	28	28	39 123	74	57 036	06	12 327	60	29 879	48	4 307	66	63 537	69
3	Allenstein	61	36	54 742	60	122 784	54	5 331	86	2 391	73	20 157	55	249 065	88
4	Schneidemühl	33	87	27 042	64	48 450	61	5 133	08	1 284	60	8 622	84	107 962	71
5	Potsdam	41	89	41 465	44	70 173	42	19 851	83	4 600	79	27 956	45	212 505	67
6	Frankfurt a. O.	56	36	40 529	54	65 627	19	33 263	69	5 279	90	27 385	20	208 406	68
7	Stettin	29	69	21 439	50	190 027	99	5 607	91	15 967	26	14 578	66	67 395	79
														2	*40*
8	Köslin	16	42	17 620	83	17 246	55	2 532	26	2 551	35	9 003	21	68 561	90
9	Stralsund	5	96	12 104	31	1 994	35	7 598	48	3 828	12	1 856	50	30 794	69
										2	*08*				
10	Breslau (mit Liegnitz)	25	11	35 300	74	52 860	82	4 113	18	2 601	41	6 434	04	82 067	14
11	Oppeln	13	75	11 959	56	20 694	30	757	56	4 100	07	1 651	21	28 962	96
				18	.					*15*	.			*52*	*50*
12	Magdeburg	18	70	19 120	82	58 613	75	9 743	13	1 377	17	8 412	84	53 378	52
13	Merseburg	7	12	10 426	78	185 911	96	3 280	16	3 061	24	7 973	97	68 065	53
14	Erfurt	7	31	16 422	44	1 563	91	3 551	11	630	29	1 626	91	21 512	48
15	Schleswig	6	79	11 072	98	9 176	35	3 378	01	3 630	74	629	40	7 241	02
16	Hannover (m. Osnabrück)	6	18	8 703	76	21 804	16	1 565	71	926	54	2 054	27	34 710	65
17	Hildesheim	15	46	39 678	68	7 634	79	3 335	43	4 047	83	4 040	48	76 620	12
18	Lüneburg	11	75	17 935	68	9 546	52	3 898	70	1 781	89	2 391	91	26 473	12
19	Stade (mit Aurich)	2	01	3 589	27	3 586	81	54	51	1 792	64	2	.	18 964	12
20	Minden (mit Münster)	6	55	13 336	90	6 516	10	3 720	91	1 874	49	1 326	94	26 058	57
21	Arnsberg	5	81	5 631	20	858	15	632	10	883	54	1 737	29	15 571	51
22	Kassel	33	34	49 535	02	160 122	04	4 369	54	4 327	42	8 967	58	101 416	43
23	Wiesbaden	13	39	18 592	26	6 519	84	2 210	90	1 109	78	2 767	73	57 740	28
24	Koblenz	12	24	17 710	88	1 281	88	619	27	947	22	540	53	13 640	90
25	Düsseldorf	4	83	4 437	76	701	53	6 539	33	2 804	47	704	59	20 838	39
26	Köln	2	46	5 917	35	1 593	68	669	50	3 037	06	487	15	11 112	94
27	Trier	3	98	10 268	93	4 240	67	104	43	702	34	512	20	20 548	88
28	Aachen	5	54	20 050	58	2 070	07	979	64	1 130	27	393	01	51 163	66
	Zusammen	509	58	611 530	56	1 131 942	28	154 495	19	121 135	40	173 570	87	1 827 447	14
				18	.					*17*	*08*			*54*	*90*

58.

Kulturgelder

Summe der Kapitel I—VII und IX		Durchschnittliche Kulturkosten für 1 ha Holzboden, ausschl. der Kosten für Samendarren		Die gesamten Kosten der Bestandesgründung für 1 ha betragen (Sp. 18 ausschl. Darrekosten, geteilt durch Fläche in Sp. 11)	Kapitel VIII				Gesamtsumme der Kulturgelder (Titel 21 a)		Regierungsbezirk
					Unterhaltung alter (Holzabfuhrwege und Waldbahnen)		Herstellung neuer (Holzabfuhrwege und Waldbahnen)				
RM	Rpf	RM	Rpf	RM	RM	Rpf	RM	Rpf	RM	Rpf	
18		19		20	21		22		23		
254 405	04	2	45	362	133 317	30	3 525	03	391 247	37	Königsberg (m. Marienwerder)
							6	*88*	*6*	*88*	
269 007	93	2	14	496	137 137	75	16 110	59	422 256	27	Gumbinnen
758 367	75	3	92	184	22 154	49	7 245	70	787 767	94	Allenstein
318 362	10	2	56	180	10 451	18	1 777	04	330 590	32	Schneidemühl
562 507	91	2	53	235	78 230	24	.	.	640 738	15	Potsdam
560 730	28	2	48	287	34 110	15	954	39	595 794	82	Frankfurt a. O.
421 365	16	2	17	204	42 480	04	816	89	464 662	09	Stettin
36	*80*				*30*	*48*			*67*	*28*	
234 289	21	2	42	92	20 937	81	2 431	24	257 658	26	Köslin
91 889	54	3	60	457	20 030	81	.	.	111 920	35	Stralsund
2	*08*								*2*	*08*	
272 321	70	3	34	329	96 324	86	69 173	22	437 819	78	Breslau (mit Liegnitz)
					57	*08*			*57*	*08*	
137 114	92	1	75	159	17 798	44	.	.	154 913	36	Oppeln
187	*36*				*124*	*70*			*312*	*06*	
210 971	10	2	62	228	21 213	38	.	.	232 184	48	Magdeburg
					240	.			*240*	.	
327 415	40	2	07	235	42 216	93	8 309	66	377 941	99	Merseburg
78 174	76	2	.	306	69 380	65	30 265	24	177 820	65	Erfurt
56 148	81	2	06	226	17 839	73	302	96	74 291	50	Schleswig
105 978	07	2	74	218	23 859	42	16 618	53	146 456	02	Hannover (mit Osnabrück)
					4	*64*			*4*	*64*	
227 634	55	2	28	240	158 918	32	71 996	65	458 549	52	Hildesheim
140 052	55	1	85	139	28 552	75	317	75	168 923	05	Lüneburg
61 364	64	2	97	163	5 560	26	.	.	66 924	90	Stade (mit Aurich)
89 105	82	2	58	373	50 713	22	12 116	02	151 935	06	Minden (mit Münster)
56 575	55	2	30	86	17 410	33	10 824	77	84 810	65	Arnsberg
489 888	83	1	70	169	157 927	26	43 389	04	691 205	13	Kassel
38	*20*				*216*	*26*			*254*	*46*	
133 361	35	2	57	224	105 642	32	25 395	93	264 399	60	Wiesbaden
5	*28*								*5*	*28*	
54 828	22	1	78	243	41 425	36	5 326	21	101 579	79	Koblenz
58 499	68	3	69	313	7 492	93	.	.	65 992	61	Düsseldorf
34 278	95	2	53	512	8 087	23	.	.	42 366	18	Köln
71 295	52	1	62	212	29 018	44	1 871	18	102 185	14	Trier
122 087	03	4	95	309	42 908	09	14 427	10	179 422	22	Aachen
6 198 022	37	2	45	208	1 441 139	69	343 195	14	7 982 357	20	
269	*72*				*673*	*16*	*6*	*88*	*949*	*76*	
(einschl. der Kosten für Samendarren)		2	88								

Laufende Nummer	Regierungsbezirk	Gesamtfläche	Verausgabte Verkehrswegebau-: Unterhaltung alter Wege		Herstellung neuer Wege		Brücken		Gezahlte Beihilfen und „Insgemein“	
		ha	RM	Rpf	RM	Rpf	RM	Rpf	RM	Rpf
		24	25		26		27		28	
1	Königsberg (mit Marienwerder) . .	137 377	89 748	46	9 009	67	4 439	03	5 879	68
2	Gumbinnen	138 686	103 753	89	86 225	33	3 096	14	11 293	80
3	Allenstein	236 885	46 160	51	.	.	1 821	58	221 546	27
			80	.						
4	Schneidemühl	127 111	21 895	37	630	96	4 137	56	7 486	95
5	Potsdam	218 767	85 594	53	29 762	84	4 106	05	112 332	32
6	Frankfurt a. O.	220 532	98 834	61	26 989	93	2 709	17	15 579	11
7	Stettin	121 437	64 868	82	80 234	56	2 583	80	1 128	98
8	Köslin	102 410	17 565	69	59 670	.	265	64	12 702	84
9	Stralsund	28 859	17 110	49	450	.	.	.	874	73
			24	.						
10	Breslau (mit Liegnitz)	75 701	173 378	77	13 200	.	1 771	98	4 926	07
11	Oppeln	72 756	21 748	36	.	.	4 944	48	3 762	93
			738	*48*						
12	Magdeburg	67 100	20 627	68	.	.	84	22	1 789	.
13	Merseburg	76 760	51 835	14	310	.	1 365	68	1 461	88
14	Erfurt	40 755	39 383	95	.	.	18	20	1 956	43
15	Schleswig	30 407	11 329	19	.	.	.	.	.	.
16	Hannover (mit Osnabrück)	38 584	9 042	83	.	.	.	.	4 407	74
17	Hildesheim	104 257	93 491	02	35 552	89	246	07	3 324	81
18	Lüneburg	81 616	40 740	68	.	.	.	.	6 697	34
19	Stade (mit Aurich)	23 469	3 449	56	.	.	.	.	.	.
20	Minden (mit Münster)	36 161	91 977	78	5 436	80	.	.	1 659	22
21	Arnsberg	25 628	17 928	58	1 382	87	.	.	780	17
22	Kassel	205 237	84 854	06	.	.	.	.	9 351	66
23	Wiesbaden	53 573	14 619	88	.	.	.	.	1 503	47
24	Koblenz	31 778	22 856	83	.	.	.	.	87	71
25	Düsseldorf	17 782	11 342	64	.	.	.	.	.	.
26	Köln	14 560	13 332	44	177	64	.	.	507	95
27	Trier	44 954	58 585	61	.	.	.	.	4 014	58
28	Aachen	25 568	49 937	21	.	.	.	.	.	.
	Zusammen	2 398 710	1 375 994	58	349 033	49	31 589	60	435 055	64
			842	*48*						

Felder: Zusammen (Spalten 25 bis 28)		Holzabfuhr- und Verkehrswege: zusammen (Spalte 21 + 22 + 29)		Holzabfuhr- und Verkehrswege: durchschnittlich für 1 ha der Gesamtfläche		Beihilfen zu Chausseen usw. außerhalb der Forsten		Gesamtaufwendungen: für den Wegebau (Sp. 30 + 32)		Gesamtaufwendungen: für 1 ha Holzboden		Regierungsbezirk
RM	Rpf	RM	Rpf	RM	Rpf	RM	Rpf	RM	Rpf	RM	Rpf	
29		30		31		32		33		34		
109 076	84	245 919	17	1	79	16 280	40	262 199	57	2	52	Königsberg (mit Marienwerder)
		6	*88*					*6*	*88*			
204 369	16	357 617	50	2	58	26 000	.	383 617	50	3	59	Gumbinnen
269 528	36	298 928	55	1	26	32 000	.	330 928	55	1	71	Allenstein
80	.	*80*	.					*80*	.			
34 150	84	46 379	06	.	36	300	.	46 679	06	.	40	Schneidemühl
231 795	74	310 025	98	1	42	1 732	30	311 758	28	1	58	Potsdam
144 112	82	179 177	36	.	81	37 568	75	216 746	11	1	07	Frankfurt a. O.
148 816	16	192 113	09	1	58	1 279	72	193 392	81	1	78	Stettin
		30	*48*					*30*	*48*			
90 204	17	113 573	22	1	11	16 500	.	130 073	22	1	41	Köslin
18 435	22	38 466	03	1	33	.	.	38 466	03	1	50	Stralsund
24	.	*24*	.					*24*	.			
193 276	82	358 774	90	4	74	55 200	.	413 974	90	5	92	Breslau (mit Liegnitz)
		57	*08*					*57*	*08*			
30 455	77	48 254	21	.	66	2 502	75	50 756	96	.	84	Oppeln
738	*48*	*863*	*18*					*863*	*18*			
22 500	90	43 714	28	.	65	4 510	63	48 224	91	.	80	Magdeburg
		240	.					*240*	.			
54 972	70	105 499	29	1	36	251	.	105 750	29	1	51	Merseburg
41 358	58	141 004	47	3	46	3 500	.	144 504	47	3	69	Erfurt
11 329	19	29 471	88	.	99	.	.	29 471	88	1	10	Schleswig
13 450	57	53 928	52	1	40	7 536	63	61 465	15	1	71	Hannover (mit Osnabrück)
		4	*64*					*4*	*64*			
132 614	79	363 529	76	3	49	7 618	23	371 147	99	3	72	Hildesheim
47 438	02	76 308	52	.	93	163	30	76 471	82	1	01	Lüneburg
3 449	56	9 009	82	.	38	.	.	9 009	82	.	44	Stade (mit Aurich)
99 073	80	161 903	04	4	48	3 577	11	165 480	15	4	80	Minden (mit Münster)
20 091	62	48 326	72	1	89	.	.	48 326	72	1	97	Arnsberg
94 205	72	295 522	02	1	44	11 716	66	307 238	68	1	55	Kassel
		216	*26*					*216*	*26*			
16 123	35	147 161	60	2	75	5 600	.	152 761	60	2	95	Wiesbaden
22 944	54	69 696	11	2	19	.	.	69 696	11	2	26	Koblenz
11 342	64	18 835	57	1	06	.	.	18 835	57	1	19	Düsseldorf
14 018	03	22 105	26	1	52	.	.	22 105	26	1	63	Köln
62 600	19	93 489	81	2	08	.	.	93 489	81	2	13	Trier
49 937	21	107 272	40	4	19	.	.	107 272	40	4	35	Aachen
2 191 673	31	3 976 008	14	1	66	233 837	48	4 209 845	62	1	96	
842	*48*	*1 522*	*52*					*1 522*	*52*			

Nachweisung der verausgabten Kultur- und Verkehrswege-

Laufende Nummer	Regierungsbezirk	Zur Holzzucht bestimmte Fläche	Verausgabte – Kapitel I – Nachbesserungen und Wiederholungen: Bodenverwundung				Saat				Pflanzung				Im ganzen			
		ha	ha	d	RM	Rpf	ha	d	RM	Rpf	ha	d	RM	Rpf	ha	d	RM	Rpf
1	2	3	4				5				6				7			
1	Königsberg (m. Marienw.)	104 066	.	.	.	.	7	6	266	50	540	3	70 687	74	547	9	70 954	24
2	Gumbinnen	106 655	31	.	2 517	68	29	2	2 337	17	364	4	52 528	83	424	6	57 383	68
3	Allenstein	193 459	162	2	2 655	28	352	1	11 742	33	1 689	8	205 882	65	2 204	1	220 280	26
4	Schneidemühl	115 418	12	9	774	80	64	.	3 936	91	929	2	98 114	75	1 006	1	102 826	46
5	Potsdam	193 528	143	8	3 118	03	264	2	11 449	81	1 040	2	150 471	99	1 448	2	165 039	83
6	Frankfurt a. O.	202 642	34	5	865	30	44	8	1 683	83	1 056	8	169 629	86	1 136	1	172 178	99
7	Stettin	108 929	114	7	4 168	38	36	8	1 659	60	467	7	74 789	82	619	2	80 617	80
8	Köslin	92 133	59	7	661	08	78	8	1 783	30	528	1	52 908	02	666	6	55 352	40
9	Stralsund	25 517	.	.	.	.	35	8	2 436	13	132	7	26 893	54	168	5	29 329	67
10	Breslau (mit Liegnitz)	70 064	9	9	329	88	149	.	5 791	75	415	1	82 505	17	574	.	88 626	80
11	Oppeln	68 314	15	7	1 904	21	59	7	2 765	18	239	.	28 832	81	314	4	33 502	20
													86	*80*			*86*	*80*
12	Magdeburg	60 185	19	4	1 739	68	95	6	3 383	88	432	9	62 741	47	547	9	67 865	03
13	Merseburg	70 062	17	9	495	75	216	9	6 874	97	192	7	27 452	72	427	5	34 823	44
14	Erfurt	39 179	7	9	149	55	34	.	718	73	91	1	14 694	25	133	.	15 562	53
15	Schleswig	27 388	59	9	1 562	59	23	4	750	25	191	.	18 273	52	274	3	20 586	36
16	Hannover (m. Osnabrück)	35 869	116	7	4 827	60	60	5	1 496	77	341	.	22 587	70	518	2	28 912	07
17	Hildesheim	99 795	196	4	7 848	20	32	2	650	26	331	1	40 028	71	559	7	48 527	17
18	Lüneburg	75 458	33	.	3 798	96	80	4	5 167	86	239	5	35 544	05	352	9	44 510	87
19	Stade (mit Aurich)	20 603	41	3	1 595	03	74	7	1 882	22	87	1	9 022	33	203	1	12 499	58
20	Minden (mit Münster)	34 466	363	9	7 849	60	42	.	172	85	262	.	28 758	98	667	9	36 781	43
21	Arnsberg	24 487	64	8	1 750	06	35	4	966	40	63	.	4 461	48	163	2	7 177	94
22	Kassel	197 836	967	9	25 434	84	570	4	11 572	21	608	7	71 545	39	2 147	.	108 552	44
													14	*32*			*14*	*32*
23	Wiesbaden	51 861	277	7	10 819	39	37	6	1 422	07	113	9	16 306	63	429	2	28 548	09
24	Koblenz	30 837	136	1	3 860	56	23	7	976	07	68	8	8 745	84	228	6	13 582	47
25	Düsseldorf	15 834	12	6	641	22	112	2	10 249	07	60	5	8 013	93	185	3	18 904	22
26	Köln	13 515	.	.	.	.	.	.	.	.	59	9	9 621	14	59	9	9 621	14
27	Trier	43 850	102	3	6 774	35	72	8	1 674	15	133	9	11 204	03	309	.	19 652	53
28	Aachen	24 670	99	8	6 615	76	43	7	2 900	35	66	5	9 536	72	210	.	19 052	83
	Zusammen	2 146 620	3 102	.	102 757	78	2 677	5	96 710	62	10 746	9	1 411 784	07	16 526	4	1 611 252	47
													101	*12*			*101*	*12*

Anmerkung: Die schrägen Zahlen geben den Wert der geleisteten Forststrafarbeit an.

58.

baugelder für das Forstwirtschaftsjahr und Rechnungsjahr 1925.

Kulturgelder																Regierungsbezirk
Kapitel II																
Erstmalige Kulturen																
Bodenverwundung				Saat				Pflanzung				Im ganzen				
ha	d	RM	Rpf	ha	d	RM	Rpf	ha	d	RM	Rpf	ha	d	RM	Rpf	
8				9				10				11				
52	6	1 452	05	113	8	12 810	94	626	7	109 746	28	793	1	124 009	27	Königsberg (m. Marienw.)
86	9	3 717	90	210	7	15 456	10	370	2	59 184	14	667	8	78 358	14	Gumbinnen
315	4	12 816	33	3 367	5	206 828	68	683	8	70 528	86	4 366	7	290 173	87	Allenstein
84	5	2 949	39	1 037	1	62 621	73	503	.	68 532	58	1 624	6	134 103	70	Schneidemühl
845	7	25 522	90	2 559	6	177 305	78	1 577	.	187 518	92	4 982	3	390 347	60	Potsdam
78	1	1 300	83	1 503	9	135 892	03	1 086	.	182 118	47	2 668	.	319 311	33	Frankfurt a. O.
279	4	8 714	57	3 070	3	289 172	15	1 014	7	150 468	74	4 364	4	448 355	46	Stettin
						26	*64*							*26*	*64*	
251	4	7 131	51	1 799	1	93 083	46	778	3	59 839	78	2 828	8	160 054	75	Köslin
115	9	3 607	70	109	7	15 995	76	120	2	21 724	80	345	8	41 328	26	Stralsund
702	1	33 200	17	780	4	75 680	68	627	2	99 884	02	2 109	7	208 764	87	Breslau (m. Liegnitz)
						2	.							*2*	.	
210	9	15 369	39	381	7	49 512	71	537	5	66 463	45	1 130	1	131 345	55	Oppeln
		193	.							*22*	.			*215*	.	
783	8	16 991	15	581	1	34 762	22	248	7	33 303	38	1 613	6	85 056	75	Magdeburg
252	1	7 167	54	908	8	54 973	41	301	3	36 608	.	1 462	2	98 748	95	Merseburg
						8	*96*							*8*	*96*	
235	4	13 286	84	75	2	4 584	25	276	9	44 143	10	587	5	62 014	19	Erfurt
										24	.			*24*	.	
94	6	2 816	17	47	5	3 023	71	137	1	19 279	.	279	2	25 118	88	Schleswig
172	2	6 605	79	523	6	41 171	58	169	5	22 046	32	865	3	69 823	69	Hannover (m. Osnabr.)
1 153	6	42 875	64	308	1	13 301	25	494	4	70 561	67	1 956	1	126 738	56	Hildesheim
165	9	18 194	94	1 263	5	96 528	39	398	7	62 027	44	1 828	1	176 750	77	Lüneburg
48	.	2 413	12	624	.	58 903	62	35	6	4 950	62	707	6	66 267	36	Stade (mit Aurich)
296	4	8 181	23	151	6	10 762	37	149	1	26 103	97	597	1	45 047	57	Minden (m. Münster)
350	**8**	**3 267**	**31**	78	2	2 243	36	108	2	7 530	13	537	2	13 040	80	Arnsberg
1 872	4	57 594	77	1 495	4	67 121	12	521	9	64 290	52	3 889	7	189 006	41	Kassel
		23	*84*											*23*	*84*	
743	9	31 028	70	391	8	36 299	79	262	3	43 098	09	1 398	.	110 426	58	Wiesbaden
931	2	38 522	34	415	4	62 885	16	207	2	34 285	01	1 553	8	135 692	51	Koblenz
37	1	1 337	12	222	6	20 587	81	79	3	10 342	42	339	.	32 267	35	Düsseldorf
110	6	2 543	30	51	4	3 921	39	114	7	14 162	.	276	7	20 626	69	Köln
316	7	11 152	86	347	2	37 496	72	213	2	23 544	46	877	1	72 194	04	Trier
98	5	5 547	60	120	9	16 944	02	207	4	23 288	71	426	8	45 780	33	Aachen
10 686	1	385 309	16	22 540	1	1 699 870	19	11 850	1	1 615 574	88	45 076	3	3 700 754	23	
		216	*84*			*37*	*60*			*46*	.			*300*	*44*	

Verausgabte

Laufende Nummer	Regierungsbezirk	Kapitel III Anlegung und Unterhaltung der Saat- und Pflanzkämpe				Kapitel IV Anschaffung von Samen und Ankauf von Pflanzen		Kapitel V Bewehrungen und Verhegungen		Kapitel VI Abzugsgräben und sonstige Entwässerungsanlagen		Kapitel VII Anschaffung und Unterhaltung der Kulturgeräte		Kapitel IX Insgemein	
		ha	a	RM	Rpf	RM	Rpf	RM	Rpf	RM	Rpf	RM	Rpf	RM	Rpf
		12				13		14		15		16		17	
1	Königsberg (m. Marienw.)	31	10	63 473	02	10 618	26	9 250	57	28 438	37	23 053	57	181 876	51
2	Gumbinnen	26	11	68 027	60	20 432	71	24 000	28	57 097	06	8 422	38	119 207	77
3	Allenstein	87	55	89 583	57	156 689	69	15 669	70	8 599	88	35 605	19	497 799	56
4	Schneidemühl	45	91	51 116	92	126 348	99	9 828	28	3 424	83	18 703	36	273 907	06
5	Potsdam	66	61	101 622	80	259 442	73	66 745	33	7 270	11	49 699	25	432 271	46
6	Frankfurt a. O.	102	96	115 090	71	49 583	26	78 155	98	9 172	44	181 161	92	433 189	65
7	Stettin	19	71	43 738	73	165 984	24	22 802	88	20 390	53	87 998	99	215 789	47
8	Köslin	18	80	34 813	77	22 604	47	18 877	10	8 345	56	45 408	50	168 774	63
9	Stralsund	7	32	19 609	08	6 632	70	18 037	76	12 862	29	2 673	25	50 633	27
10	Breslau (mit Liegnitz) .	31	74	64 088	24	80 848	88	13 485	76	22 678	88	13 983	90	200 732	22
				4	*32*									*28*	.
11	Oppeln	13	71	18 076	30	15 002	73	1 551	27	8 873	62	3 405	63	61 408	98
				103	*36*					*14*	*88*			*297*	*92*
12	Magdeburg	27	25	35 505	02	70 522	32	25 555	88	4 126	51	9 511	37	124 468	16
13	Merseburg	10	20	22 564	36	340 875	58	9 370	58	5 058	93	8 579	04	109 346	17
				2	*24*										
14	Erfurt	13	03	22 575	90	7 658	58	3 904	71	2 069	80	1 158	93	37 047	.
				4	*80*										
15	Schleswig	8	04	19 701	09	26 559	87	7 529	22	10 559	74	1 507	68	32 900	89
16	Hannover (m. Osnabrück)	11	47	17 129	71	78 686	44	4 210	05	3 463	53	4 911	26	77 044	57
17	Hildesheim	16	56	66 342	95	57 194	95	12 241	14	10 595	09	9 113	58	207 845	31
18	Lüneburg	10	39	28 439	21	63 553	34	14 604	05	12 709	80	4 135	35	59 865	13
19	Stade (mit Aurich) . . .	2	79	5 739	81	28 507	78	490	35	2 277	29	1 014	20	37 312	18
20	Minden (mit Münster) .	7	89	21 065	17	31 316	74	7 820	81	5 414	17	3 748	55	61 965	84
21	Arnsberg	5	60	9 182	08	5 727	88	2 796	41	835	54	1 212	28	22 988	97
22	Kassel	38	27	84 485	77	180 093	60	16 308	78	10 470	67	14 280	51	206 444	96
				25	*98*										
23	Wiesbaden	12	34	26 905	14	56 198	93	2 481	46	2 687	22	1 542	32	72 958	25
24	Koblenz	14	31	33 314	27	42 073	60	3 041	42	9 065	65	4 306	11	77 220	53
25	Düsseldorf	6	91	10 399	96	21 064	91	15 122	70	4 478	50	290	50	40 620	20
26	Köln	2	40	8 320	15	12 011	65	209	97	7 104	82	222	33	16 571	07
27	Trier	5	37	24 694	70	55 810	74	747	39	7 878	67	4 616	81	65 049	67
28	Aachen	9	28	33 806	73	19 903	15	3 645	35	7 655	10	702	28	59 609	93
	Zusammen	653	62	1 139 412	76	2 011 948	72	408 485	18	293 604	60	540 969	04	3 944 849	41
				140	*70*					*14*	*88*			*325*	*92*

Anmerkung: In Spalte 16 sind bei Stettin 15 300 RM für Ankauf eines Raupenschleppers enthalten.

Kulturgelder

Summe der Kapitel I—VII und IX		Durchschnittliche Kulturkosten für 1 ha Holzboden, ausschl. der Kosten für Samendarren		Die gesamten Kosten der Bestandesgründung für 1 ha betragen (Sp. 18 ausschl. Darrekosten, geteilt durch d. Fläche in Sp. 11)	Kapitel VIII Unterhaltung alter Holzabfuhrwege und Waldbahnen		Kapitel VIII Herstellung neuer Holzabfuhrwege und Waldbahnen		Gesamtsumme der Kulturgelder (Tit. 21 a)		Regierungsbezirk
RM	*Rpf*	*RM*	*Rpf*	*RM*	*RM*	*Rpf*	*RM*	*Rpf*	*RM*	*Rpf*	
18		19		20	21		22		23		
511 673	81	4	92	645	191 139	47	7 366	75	710 180	03	Königsberg (mit Marienw.)
					203	*04*			*203*	*04*	
432 929	62	3	92	627	268 433	58	38 618	36	739 981	56	Gumbinnen
1 314 401	72	6	16	273	36 501	68	4 159	98	1 355 063	38	Allenstein
720 259	60	5	84	415	15 140	89	2 905	81	738 306	30	Schneidemühl
1 472 439	11	6	73	261	123 039	55	1 009	28	1 596 487	94	Potsdam
1 357 844	28	6	67	506	58 793	29	19 595	10	1 436 232	67	Frankfurt a. O.
1 085 678	10	8	59	214	71 149	65	6 383	82	1 163 211	57	Stettin
26	*64*				*158*	.			*184*	*64*	
514 231	18	5	58	182	40 009	53	13 595	14	567 835	85	Köslin
181 106	28	7	10	523	39 828	48	.	.	220 934	76	Stralsund
693 209	55	9	73	325	205 300	45	97 424	67	995 934	67	Breslau (mit Liegnitz)
34	*32*				*242*	.			*276*	*32*	
273 166	28	3	99	241	30 718	86	.	.	303 885	14	Oppeln
717	*96*				*825*	*20*			*1 543*	*16*	
422 611	04	6	30	235	60 126	25	.	.	482 737	29	Magdeburg
629 367	05	4	64	222	59 734	36	4 983	31	694 084	72	Merseburg
11	*20*								*11*	*20*	
151 991	64	3	88	258	91 410	50	25 848	75	269 250	89	Erfurt
28	*80*								*28*	*80*	
144 463	73	5	27	518	51 336	74	3 660	60	199 461	07	Schleswig
284 181	32	7	50	311	88 250	99	46 053	04	418 485	35	Hannover (mit Osnabrück)
538 598	75	5	12	261	493 942	43	156 912	28	1 189 453	46	Hildesheim
							6	*88*	*6*	*88*	
404 568	52	5	36	221	57 684	68	2 568	99	464 822	19	Lüneburg
154 108	55	7	48	218	9 633	61	543	48	164 285	64	Stade (mit Aurich)
213 160	28	6	18	357	100 949	86	34 878	18	348 988	32	Minden (mit Münster)
62 961	90	2	57	117	53 767	32	20 395	33	137 124	55	Arnsberg
809 643	14	3	51	179	298 624	96	119 278	69	1 227 546	79	Kassel
64	*14*				*41*	*16*			*105*	*30*	
301 747	99	5	82	216	198 680	42	44 610	12	545 038	53	Wiesbaden
					3	*44*			*3*	*44*	
318 296	56	10	32	205	92 702	19	17 562	56	428 561	31	Koblenz
143 148	34	9	04	422	30 716	38	.	.	173 864	72	Düsseldorf
74 687	82	5	53	270	8 676	23	3 220	.	86 584	05	Köln
					114	.			*114*	.	
250 644	55	5	72	286	121 085	82	20 453	78	392 184	15	Trier
190 155	70	7	70	445	43 679	18	29 491	66	263 326	54	Aachen
13 651 276	41	5	88	280	2 941 057	35	721 519	68	17 313 853	44	
883	*06*				*1 586*	*84*	*6*	*88*	*2 476*	*78*	
einschl. der Kosten für Samendarren:		6	36								

Laufende Nummer	Regierungsbezirk	Gesamtfläche	Verausgabte Verkehrswegebau-: Unterhaltung alter Wege		Herstellung neuer Wege		Brücken		Gezahlte Beihilfen und „Insgemein“	
		ha	RM	Rpf	RM	Rpf	RM	Rpf	RM	Rpf
		24	25		26		27		28	
1	Königsberg (mit Marienwerder) . .	137 444	179 967	78	38 999	54	4 024	23	12 523	87
			72	*80*						
2	Gumbinnen	138 500	164 646	69	138 684	92	4 887	62	13 484	78
3	Allenstein	236 913	56 381	22	5 761	97	5 435	38	445 548	03
			13	*50*						
4	Schneidemühl	127 152	101 901	22	2 644	86	3 923	66	13 391	.
5	Potsdam	214 787	135 868	44	76 395	04	28 384	74	111 334	07
6	Frankfurt a. O.	220 590	165 918	14	126 225	41	7 008	40	4 934	72
7	Stettin	121 466	69 462	43	78	29	1 088	68	42 582	19
8	Köslin	102 323	39 950	45	116 730	56	7 028	85	29 035	22
9	Stralsund	28 859	18 977	54	.	.	707	40	1 000	49
10	Breslau (mit Liegnitz)	75 825	104 254	54	30 820	34	26 975	63	28 502	13
11	Oppeln	72 715	27 961	76	65 000	.	6 976	06	2 424	71
			1 124	*90*						
12	Magdeburg	67 089	35 308	72	8 102	21	117	23	3 253	88
13	Merseburg	76 758	95 787	37	2 148	39	1 461	40	2 419	53
			55	*92*						
14	Erfurt	40 750	90 918	70	.	.	1 021	40	1 271	55
15	Schleswig	30 484	17 156	02	.	.	.	.	.	.
16	Hannover (mit Osnabrück)	38 580	20 955	61	.	.	.	.	889	97
17	Hildesheim	104 256	204 521	91	25 881	12	2 925	01	22 011	95
			12	*80*						
18	Lüneburg	81 185	33 158	28	19 598	05	412	64	8 293	01
19	Stade (mit Aurich)	23 440	4 516	80	.	.	12	.	1 058	68
20	Minden (mit Münster)	36 150	140 783	53	.	.	1 502	16	6 441	79
21	Arnsberg	25 625	48 216	46	1 270	50	.	.	842	70
22	Kassel	205 036	174 955	36	.	.	.	.	7 523	36
23	Wiesbaden	53 578	19 753	75	31 964	08	350	55	.	.
24	Koblenz	31 780	129 356	80	11 784	67	.	.	14 000	.
25	Düsseldorf	17 782	60 017	48	.	.	.	.	.	.
26	Köln	14 510	54 679	91	.	.	3 391	.	2 255	03
27	Trier	44 915	173 015	91	10 248	08	.	.	.	.
28	Aachen	25 574	123 486	48	.	.	.	.	.	.
	Zusammen	2 394 066	2 491 879	30	712 338	03	107 634	04	775 022	66
			1 279	*92*						

gelder		Holzabfuhr- und Verkehrswege				Beihilfen zu Chausseen usw. außerhalb der Forsten		Gesamtaufwendungen				Regierungsbezirk
Zusammen (Spalten 25 bis 28)		zusammen (Spalte 21 + 22 + 29)		durchschnittlich für 1 ha der Gesamtfläche				für den Wegebau (Sp. 30 + 32)		für 1 ha Holzboden		
RM	Rpf	RM	Rpf	RM	Rpf	RM	Rpf	RM	Rpf	RM	Rpf	
29		30		31		32		33		34		
235 515	42	434 021	64	3	16	15 750	.	449 771	64	4	32	Königsberg (mit Marienwerder)
72	*80*	*275*	*84*					*275*	*84*			
321 704	01	628 755	95	4	54	38 690	88	667 446	83	6	26	Gumbinnen
513 126	60	553 788	26	2	34	20 516	14	574 304	40	2	97	Allenstein
13	*50*	*13*	*50*					*13*	*50*			
121 860	74	139 907	44	1	10	12 000	.	151 907	44	1	32	Schneidemühl
351 982	29	476 031	12	2	22	10 080	60	486 111	72	2	51	Potsdam
304 086	67	382 475	06	1	73	13 900	.	396 375	06	1	96	Frankfurt a. O.
113 211	59	190 745	06	1	57	16 200	.	206 945	06	1	90	Stettin
		158	.					*158*	.			
192 745	08	246 349	75	2	41	60 930	.	307 279	75	3	34	Köslin
20 685	43	60 513	91	2	10	.	.	60 513	91	2	37	Stralsund
190 552	64	493 277	76	6	51	119 685	49	612 963	25	8	75	Breslau (mit Liegnitz)
		242	.					*242*	.			
102 362	53	133 081	39	1	83	3 537	44	136 618	83	2	.	Oppeln
1 124	*90*	*1 950*	*10*					*1 950*	*10*			
46 782	04	106 908	29	1	59	.	.	106 908	29	1	78	Magdeburg
101 816	69	166 534	36	2	17	3 651	.	170 185	36	2	43	Merseburg
55	*92*	*55*	*92*					*55*	*92*			
93 211	65	210 470	90	5	17	16 227	.	226 697	90	5	79	Erfurt
17 156	02	72 153	36	2	37	250	.	72 403	36	2	64	Schleswig
21 845	58	156 149	61	4	05	16 165	04	172 314	65	4	80	Hannover (mit Osnabrück)
255 339	99	906 194	70	8	69	10 803	56	916 998	26	9	19	Hildesheim
12	*80*	*19*	*68*					*19*	*68*			
61 461	98	121 715	65	1	50	5 363	64	127 079	29	1	68	Lüneburg
5 587	48	15 764	57	.	67	.	.	15 764	57	.	77	Stade (mit Aurich)
148 727	48	284 555	52	7	87	2 490	.	287 045	52	8	33	Minden (mit Münster)
50 329	66	124 492	31	4	86	.	.	124 492	31	5	08	Arnsberg
182 478	72	600 382	37	2	93	21 094	.	621 476	37	3	14	Kassel
		41	*16*					*41*	*16*			
52 068	38	295 358	92	5	51	13 350	77	308 709	69	5	95	Wiesbaden
		3	*44*					*3*	*44*			
155 141	47	265 406	22	8	35	1 800	.	267 206	22	8	67	Koblenz
60 017	48	90 733	86	5	10	.	.	90 733	86	5	73	Düsseldorf
60 325	94	72 222	17	4	98	.	.	72 222	17	5	34	Köln
		114	.					*114*	.			
183 263	99	324 803	59	7	23	9 810	.	334 613	59	7	63	Trier
123 486	48	196 657	32	7	69	.	.	196 657	32	7	97	Aachen
4 086 874	03	7 749 451	06	3	24	412 295	56	8 161 746	62	3	80	Summe
1 279	*92*	*2 873*	*64*					*2 873*	*64*			

Nachweisung der aus dem Forstbaufonds zu unterhaltenden

Laufende Nummer	Regierungsbezirk	Planmäßige Stellen für			Dienstgehöfte oder Dienstwohnungen für								Es sind ohne Dienstwohnung		
		Oberförster und Forstverwalter	Revierförster und Förster	Forstsekretäre	Oberförster und Forstverwalter	Revierförster und Förster	Forstsekretäre	überzählige Förster	Unterförster	Hilfsförster (usw.) und Forstgehilfen	bei den Nebenbetriebsanstalten: Meister	bei den Nebenbetriebsanstalten: Wärter	Oberförster und Forstverwalter	Revierförster und Förster	Forstsekretäre
1	2	3	4	5	6	7	8	9	10	11	12	13	14	15	16
1	Königsberg (mit Marienwerder)	24	148[1])	24	24	147[2])	18	17	.	23	2	.	.	.	6
2	Gumbinnen	22	138	22	22	138	20	32	.	8	.	.	.	.	2
3	Allenstein	35	204	35	35	203	29	.	1	40	.	.	.	1	6
4	Schneidemühl	22	127	22	22	126	19	13	1	11	.	1	.	1	3
5	Potsdam	41	226	42	41	226	37	50	.	12	.	.	.	.	5
6	Frankfurt a. O.	42	248	42	41	245	35	.	2	45	.	.	1	3	7
7	Stettin	26	136	26	26	136	24	22	.	10	2	1	.	.	2
8	Köslin	19	118	19	19	115	16	9	.	12	.	1	.	3	3
9	Stralsund	6	50	6	6	49	6	7	.	1	.	.	.	1	.
10	Breslau (mit Liegnitz)	18	129	18	18	126	15	20	.	8	.	.	.	3	3
11	Oppeln	18	113	18	16	113	13	23	2	18	2	1	2	.	5
12	Magdeburg	15	95	15	15	95	13	17	.	.	.	.	.	.	2
13	Merseburg	20	120	20	20	118	16	13	.	2	1	.	.	2	4
14	Erfurt	13	76	13	12	76	8	7	.	2	.	.	1	.	5
15	Schleswig	10	48	10	10	47	8	8	3	1	.	.	.	1	2
16	Hannover (mit Osnabrück) . . .	15	83[3])	14	16[4])	77[5])	8	12	.	4	.	.	.	1	6
	Außerdem klösterlich:	12	37	12	12[6])	37[6])	9[6])	11[6])	.	.	.	.	.	.	3[6])
17	Hildesheim	40	185	39	40	180	34	18	.	5	.	.	.	5	5
18	Lüneburg	21	107	21	20	107	19	14	.	1	.	.	1	.	2
19	Stade (mit Aurich)	8	39	8	7	39	5	4	.	.	.	.	1	.	3
20	Minden (mit Münster)	12	70	12	11	68	9	6	2	.	.	.	1	2	3
21	Arnsberg	10	43	10	9	40[7])	7	.	.	2	.	.	1	2	3
22	Kassel	82	390	82	81	384	51	5	.	2	1	.	1	6	31
23	Wiesbaden	54	106	54	52	100[8])	19	2	3	.	.	.	2	6	35
24	Koblenz	12	82	12	11	76	9	1	.	.	.	.	1	6	3
25	Düsseldorf	4	40	4	3	38	3	3	.	.	.	.	1	2	1
26	Köln	4	29	4	4	28	4	2	.	.	.	.	.	1	.
27	Trier	12	76	12	12	73	4	.	.	4	.	.	.	3	8
28	Aachen	7	43	7	7	43	6	.	.	4	.	.	.	.	1
29	Sigmaringen	3	.	3	3	.	1	.	.	.	.	.	.	.	2
	Zusammen ohne Klosterkammer	615	3 269	614	603	3213	456	305	14	215	8	4	13	49	158
	Außerdem klösterlich	12	37	12	12	37	9	11	.	.	.	.	.	.	3
	Insgesamt	627	3306	626	615	3250	465	316	14	215	8	4	13	49	161
	Offene Stellen	1	19	6	(Sp.33: +7)										
	Haushaltssumme	628	3325	632		3257									

60.
Gebäude nach dem Stande vom 1. Oktober 1926.

Dienstwohnungen für Forstrentmeister	Waldarbeitergehöfte: Anzahl	Waldarbeitergehöfte: Zahl der darin vorhand. Wohnungen	Waldarbeiterherbergen	Mühlen: v. Staate verwaltete	Mühlen: verpachtete	Samendarren	Gasthäuser	Armenwohnungen	Sonstige vermietete oder mit Pachtgrundstücken verbundene: Wohnungen	Sonstige vermietete oder mit Pachtgrundstücken verbundene: zugehörige Wirtschaftsgebäude	Ruinen	Aussichtstürme	außerhalb der Forstgehöfte gelegene Gebäude zur Unterbringung von Kulturgeräten, Wildheu usw.	Sonstige Gebäude	Gebäude, zu deren Ausführung Darlehne oder Bauprämien aus Fonds der landwirtschaftlichen oder Forstverwaltung gewährt worden sind
17	18	19	20	21	22	23	24	25	26	27	28	29	30	31	32
.	54	119	8	.	.	2	.	3	6	4	.	.	.	7	5
2	102	238	.	.	.	.	1	.	3	1	.	.	32	.	149
1	103	146	2	.	5	3	1	1	66	58	.	.	18	13	.
.	110	238	6	.	1	1	3	3	26	17	.	.	13	8	8
9	71	143	3	1	.	7	.	2	21	18	.	.	.	7	.
4	107	195	.	.	.	3	1	5	24	6	2	.	35	2	.
5	53	118	3	.	1	3	.	.	11	13	.	.	13	4	.
.	162	318	.	.	4	.	1	1	31	38	.	.	14	5	.
.	32	75	.	.	.	.	2	.	2	4	.	.	.	2	.
1	19	36	.	.	.	3	4	1	2	5	3	3	10	5	.
3	29	72	.	.	.	2	.	.	6	4	.	.	2	4	.
1	13	22	.	.	.	1	8	.	10	2	6	1	7	1	.
.	7	15	.	.	.	1	2	.	2	2	1	.	8	4	.
.	4	5	.	.	.	.	2	.	1	6	3	.	4	1	.
.	32	36	.	.	.	.	.	.	.	.	.	.	.	.	.
.	25	30	6	.	.	1	.	.	10	1	1	.	.	1	.
.	.	.	.	.	.	.	.	.	.	.	.	.	.	.	.
4	35	72	54	.	5	1	2	.	12	3	9	.	74	7	.
.	76	146	4	.	.	1	.	.	4	3	.	.	7	10	.
.	10	18	2	.	.	.	.	.	3	.	.	.	1	1	11
2	.	.	1	.	.	.	2	.	.	.	1	1	4	1	.
1	14	14	3	.	.	.	.	.	8	8	.	.	1	.	.
2	9	9	.	.	1	1	3	.	2	.	12	2	36	7	.
1	1	1	1	.	.	.	.	.	3	3	1	.	13	1	.
.	.	.	.	.	.	.	.	.	.	.	.	.	.	1	1
1	1	1	.	.	.	.	.	.	.	.	.	.	.	2	5
.	7	7	.	.	.	.	.	.	5	4	2	.	1	1	.
.	4	4	5	.	.	.	1	.	.	.	3	.	77	.	.
.	3	4	6	.	.	.	.	.	1	1	.	.	.	.	.
.	.	.	.	.	.	.	.	.	.	.	.	.	.	.	.
37	1083	2082	104	1	17	30	33	16	259	201	44	7	370	95	179
.	.	.	.	.	.	.	.	.	.	.	.	.	.	.	.
37	1083	2082	104	1	17	30	33	16	259	201	44	7	370	95	179

Bemerkungen (33)

[1]) Einschl. eines für eine Privatforst angestellten Försters.

[2]) Ausschl. der Wohnung für diesen Förster.

[3]) Darunter 5 Förster der Verbandsoberförsterei Pyrmont.

[4]) Darunter das frühere Oberförstergehöft Dedensen, welches einem Forstassessor als Dienstwohnung überwiesen ist.

[5]) Außerdem sind für fünf Förster der Verbandsoberförsterei Pyrmont 5 Dienstwohnungen vorhanden, die nicht aus dem Forstbaufonds unterhalten werden.

[6]) Aus Fonds der Klosterkammer.

[7]) Außerdem 1 Förstergehöft, das aus Mitteln der Markeninteressenten Bilden unterhalten wird.

[8]) Darunter 1 Förstergehöft, dem Zentralstudienfonds gehörig.

MIX
Papier aus verantwortungsvollen Quellen
Paper from responsible sources
FSC® C105338

If you have any concerns about our products,
you can contact us on
ProductSafety@springernature.com

In case Publisher is established outside the EU,
the EU authorized representative is:
Springer Nature Customer Service Center GmbH
Europaplatz 3, 69115 Heidelberg, Germany

Printed by Libri Plureos GmbH
in Hamburg, Germany